Untersuchungen über absorbierende Wolken

Inaugural-Dissertation

zur

Erlangung der Doktorwürde

genehmigt von der

Philosophischen Fakultät
der Friedrich-Wilhelms-Universität zu Berlin

Von
Helmut Müller
aus Berlin-Steglitz

Tag der mündlichen Prüfung: 12. Februar 1931
Tag der Promotion: 19. Mai 1931

Springer-Verlag Berlin Heidelberg GmbH
1931

Referenten: Prof. Dr. A. Kopff
Prof. Dr. P. Guthnick

ISBN 978-3-662-40502-4   ISBN 978-3-662-40979-4 (eBook)
DOI 10.1007/978-3-662-40979-4

Sonderabdruck aus der „Zeitschrift für Astrophysik", Band 2, Heft 4

Einleitung. Bei den bisherigen Untersuchungen über das sogenannte typische Sternsystem von SEELIGER, das dadurch charakterisiert ist, daß die Sternzahlen nach galaktischen Breiten zusammengefaßt und somit die Unterschiede in den Längen vernachlässigt werden, hatte man stets bei der Berechnung der mittleren Sternzahlen die Mittelwerte über sämtliche Längen gebildet, ohne Rücksicht auf etwaige lokale Unregelmäßigkeiten, die den Bau des typischen Sternsystems verfälschen könnten. Man konnte dabei allerdings erwarten, daß die damit gemachten Fehler sich im Mittel wieder aufheben würden, da bei einer zufälligen Verteilung der Sterne sternreiche wie sternarme Gegenden ungefähr im gleichen Verhältnis stehen müßten. Weit merkbarer wird allerdings dieser Fehler, wenn die erwähnten lokalen Unregelmäßigkeiten verursacht sind durch absorbierende Wolken, die das Sternlicht um eine oder mehrere Größenklassen schwächen und so an den betreffenden Stellen eine ganz andere Verteilung der Sterne vortäuschen, als es der Wirklichkeit entspricht. Die Existenz solcher absorbierenden Wolken ist außer Frage gestellt durch die zahlreichen Untersuchungen besonders von WOLF, BARNARD und PANNEKOEK, die auch versucht haben, die Entfernung der Wolken und die Größe der Absorption zu berechnen. Dabei sind die von BARNARD aufgeführten sogenannten dark markings meist sehr kleine Gebilde, die also auf die mittleren Sternzahlen keinen wesentlichen Einfluß haben können, und auch der Einfluß der etwas größeren von WOLF behandelten Gebiete dürfte gering sein.

Doch es gibt zwei Stellen am Himmel, wo sich die Wirkung von absorbierenden Wolken über einen ziemlich ausgedehnten Bereich hin bemerkbar macht, das sind die Wolken im Taurus und Ophiuchus. Zu einer korrekten Behandlung des typischen Sternsystems ist es deshalb notwendig, daß man diese durch absorbierende Wolken verdunkelten Gebiete aussondert und den verbleibenden Rest allein zur Berechnung des typischen

Sternsystems benutzt. Dabei genügt es, allein die galaktische Zone von — 20 bis + 20⁰ in dieser Weise zu behandeln, da in höheren galaktischen Breiten derartige absorbierende Wirkungen nach unseren bisherigen Kenntnissen nicht vorhanden sind oder nur noch in ganz geringem Maße.

1. Der Verlauf der Sternzahlen in der ± 20⁰-Zone im typischen Sternsystem berechnet aus den unverdunkelten Gebieten. Besonders lohnend ist eine derartige Untersuchung, da kürzlich durch SEARES* die mittlere Verteilung der Sterne in bezug auf Länge und Breite neu bestimmt ist, wodurch für den vorliegenden Zweck ein recht gutes, voll ausreichendes Material geliefert ist. In der zitierten Arbeit sind für die Helligkeiten $m = 9$, 11, 13,5, 16 und 18 die logarithmischen Abweichungen von der schon früher bestimmten mittleren Sternverteilung**, wo die Sternzahlen über sämtliche Längen gemittelt waren, für die einzelnen Längen von 10 zu 10⁰ gegeben, so daß man mittels dieser Zahlen für jeden Punkt des Himmels die abgesehen von kleinen lokalen Unregelmäßigkeiten recht gut geltende mittlere Sternverteilung finden kann. Diese Daten sind für $m = 13$ bis 18 abgeleitet aus den Zählungen in den selected areas, wobei für die nördlichen selected areas 1 bis 139 sowohl die Zählungen vom Mt. Wilson, als auch die der Harvard-Groningen-Durchmusterung benutzt wurden, während für die südlichen Felder 140 bis 206 nur die Zählungen der Harvard-Groningen-Durchmusterung zur Verfügung standen. Die Grenzhelligkeit ist für Mt. Wilson $m = 18$ bis 18,5, für die Durchmusterung dagegen liegt sie zwischen der 16. und 17. Größe; da indes nur eine relativ geringe Anzahl der südlichen Felder in der ± 20⁰-Zone liegt, so ist es dennoch gerechtfertigt, die Daten bis zur Helligkeit $m = 18$ zu benutzen. Für die helleren Sterne bis zur Größe $m = 13,5$ waren die Zählungen in den astrographic zones vorhanden, die eine recht gute Ergänzung zu den selected areas liefern. Im übrigen sind sämtliche Helligkeiten an die internationale photographische Skala angeschlossen, so daß wir hier ein einheitliches System haben.

Diese Daten sind von SEARES in einer weiteren Arbeit*** näher analysiert worden. Hiernach zeigt sich, daß sich diese systematischen Abweichungen von der mittleren Verteilung verhältnismäßig gut darstellen lassen durch die Annahme einer exzentrischen Stellung der Sonne im rotationssymmetrischen

---

* F. H. SEARES u. M. C. JOYNER, Systematic deviations from the mean stellar distribution, Mt. Wilson Contr. **346**; Ap. J. **67**, 1928.
** SEARES, VAN RHIJN, JOYNER, RICHMOND, Mean distribution of stars according to apparent magnitude and galactic latitude. Mt. Wilson Contr. **301**; Ap. J. **62**, 1925.
*** F. H. SEARES, Some structural features of the galactic system. Mt. Wilson Contr. **347**; Ap. J. **67**, 1928.

Sternsystem und durch einen Fehler in der Lage des benutzten GOULDschen galaktischen Pols. Berücksichtigt man diese beiden Einflüsse und berechnet die nun noch verbleibenden Restabweichungen, wie es in den Tafeln IVa bis IVe dieser Arbeit geschehen ist, so bleiben noch charakteristische Abweichungen übrig, die sich, wenn sie positiv sind, mit den Sternwolken, wenn sie negativ sind, mit den bekannten dunklen Gebieten im Taurus und Ophiuchus decken. Wenn auch diese Restglieder quantitativ unsicher sind, da sie abhängen von der gefundenen exzentrischen Stellung der Sonne und von der Polkorrektion, bei denen z. B. van RHIJN[*] zu einem davon abweichenden Resultat kommt, obwohl er für die schwächeren Sterne dasselbe Material benutzt wie SEARES, so geben sie doch qualitativ ein recht gutes Bild von der Lage und Ausdehnung der verdunkelten Gegenden.

Für den hier vorliegenden Zweck der Trennung der verdunkelten von den nicht verdunkelten normalen Gebieten sind also diese Tafeln der Restabweichungen ganz besonders gut geeignet. Um im übrigen noch eine bessere Übersicht zu gewinnen, wurden nach diesen Tafeln Karten gezeichnet, auf denen die Kurven gleicher Sterndichte gezogen wurden, wobei die verdunkelten Gebiete entsprechend dem Grad der Verdunklung schwächer oder stärker schraffiert wurden. Gemäß den berechneten Tafeln wurde dies durchgeführt für die Helligkeiten 9, 11, 13,5, 16 und 18. Besonders anschaulich sieht man an diesen Karten, wie mit abnehmender Grenzhelligkeit der Sterne der betreffenden Karte die Ausdehnung und Tiefe der dunklen Gebiete zunächst zunimmt, um gegen die schwächsten Sterne hin wieder einen Rückgang erkennen zu lassen. Man bekommt also schon von diesen rohen Skizzen einen annähernden Begriff von der ungefähren Ausdehnung und Absorption dieser dunklen Wolken.

Nach diesen Karten nun wurde die Auswahl getroffen, welche Gebiete unbedingt zu den verdunkelten und welche zu den normalen gehören; die fraglichen Grenzgebiete wurden dabei ganz weggelassen, um nicht damit den Unterschied zu verwischen und abzuschwächen. Die somit getroffene Auswahl ist in der Tabelle 1 gegeben.

Wie nun hier das normale und das dunkle Gebiet gegenübergestellt sind, so soll auch in der folgenden Untersuchung jedes für sich in derselben Weise behandelt werden, um späterhin einen Vergleich zwischen beiden anzustellen und damit die Entfernung der Wolken und ihre Absorption zu berechnen. Um diesen Vergleich korrekt durchführen zu können, sind auch in dem normalen Gebiet die Gegenden mit eingeschlossen worden, in denen

---

[*] VAN RHIJN, Distribution of stars according to apparent magnitude, galactic latitude and galactic longitude. Groninger Publ. **43**, 1929.

Tabelle 1.
Die Auswahl der normalen und verdunkelten Gebiete in der $\pm 20^0$-Zone.

Normales Gebiet		Verdunkeltes Gebiet		
l	b	l	b	
30^0	$+ 5$ bis $+ 20^0$	0 bis 10^0	-10 bis $+10^0$	⎫ Ophiuchuswolke
40 bis 70^0	-20 „ $+ 20^0$	20^0	-10 „ $+ 5^0$	⎭
80 „ 110^0	-20 „ $- 5^0$	100 bis 110^0	0 „ $+10^0$	⎫
180^0	0 „ $+20^0$	120 „ 130^0	-20 „ $+10^0$	⎬ Tauruswolke
190 bis 220^0	-20 „ $+20^0$	140 „ 150^0	-20 „ -10^0	⎭
230^0	-20 „ $+ 5^0$	330^0	$+10$ „ $+20^0$	⎫
240^0	$- 5$ „ $+20^0$	340^0	0 „ $+20^0$	⎬ Ophiuchuswolke
250^0	-20 „ $+20^0$	350^0	-10 „ $+20^0$	⎭
260 bis 270^0	$- 5$ „ $+20^0$			
280^0	-20 „ $+20^0$			
290^0	-20 „ $- 5^0$			
300^0	-20 „ -10^0			

sich schon bei den Sternen der 16. Größe oder sogar noch früher das Einsetzen der hellen Milchstraßenwolken bemerkbar macht; denn auch hinter den verdunkelten Gebieten können ja helle Milchstraßenwolken liegen, die wir wegen der zunächst nicht bekannten Entfernung und Absorption der dunklen Wolken nur nicht bemerken und eliminieren können. Darum ist es, um Entfernung und Absorption der dunklen Wolken möglichst genau zu bekommen, besser, wenn man auch im normalen Gebiet den Einfluß der hellen Milchstraßenwolken nicht eliminiert. Allerdings macht man dadurch einen kleinen Fehler bei der Darstellung des typischen Sternsystems, doch ist dieser Fehler gering wegen des späten Einsetzens der Wolkensterne bei der 16. Größe. Jedenfalls ist der Fehler, den man macht, wenn man die verdunkelten Gebiete mit in die Berechnung des typischen Sternsystems hineinzieht, wie es bisher geschehen ist, erheblich größer. Hiervon kann man sich leicht überzeugen, wenn man in den oft erwähnten Tafeln von SEARES über die Restabweichungen den Einfluß von hellen Milchstraßenwolken und von dunklen absorbierenden Wolken miteinander vergleicht.

In der Arbeit von SEARES sind die Abweichungen von der mittleren Verteilung gegeben für alle Längen von 10 zu 10^0 und für die Breiten ebenfalls von 10 zu 10^0 im allgemeinen, sowie noch außerdem für die Breiten $+5$ und -5^0, und zwar die Abweichung von dem mittleren $\log N(m)$, wobei $N(m)$ definitionsgemäß die Zahl aller Sterne pro Quadratgrad bis zur Helligkeit m bedeutet, für die schon erwähnten Helligkeiten $m = 9, 11, 13,5, 16, 18$. Obwohl in den direkt aus den Beobachtungen abgeleiteten Tafeln nicht die exzentrische Stellung der Sonne sowie der Fehler in der Polannahme eliminiert ist, ist es doch sicherer, auf diese Grunddaten zurückzugehen, weil doch die Stellung der Sonne sowie die Lage des Pols noch nicht genügend genau bestimmt ist, und man, wenn man die Restabweichungen benutzte, nur neue Unsicherheiten hineintragen würde. Im übrigen ist aber auch für diese Untersuchungen hier ein Fehler in der Lage des Pols und das Nichtberücksichtigen der exzentrischen Stellung der Sonne nur von geringer Bedeutung, da die beiden dunklen sowie die normalen Gebiete in den Längen etwa um 180^0 auseinanderliegen, so daß sich die etwa gemachten Fehler gegenseitig annähernd aufheben.

Bei den folgenden Untersuchungen sind also die Tafeln XIV und XV aus Mt. Wilson Contr. 346 benutzt, nicht die Tafeln der Restabweichungen. Aus diesen Tafeln wurde für alle in den in Tabelle 1 bezeichneten normalen und dunklen Gebieten liegende Punkte der $\log N(m)$ entnommen und damit die Sternzahl $N(m)$ bestimmt. Diese Werte $N(m)$ wurden sodann, immer getrennt nach normalen und dunklen Gebieten natürlich, gemittelt über alle Längen, zunächst gesondert nach den Breiten 0, 5, 10 und 20^0. Vergleicht man die daraus berechneten $\log N(m)$ mit den $\log N(m)$, die über sämtliche Längen gemittelt sind ohne Trennung normaler und dunkler Gebiete, so zeigt sich, daß die Abweichung gegen diese Mittelwerte einen Gang mit der Breite aufweist, derart, daß die Abweichung für $b = 0^0$ größer ist als für $b = \pm 20^0$. Dieser Gang mit der Breite steht in Übereinstimmung mit der auf anderem Wege gewonnenen Vermutung, daß für höhere Breiten keine Absorption mehr vorhanden ist, daß also hier der Unterschied zwischen normalem und dunklem Gebiet wegfällt, und damit ist wiederum gerechtfertigt, daß bei dieser Untersuchung nur die Zone von 0 bis $\pm 20^0$ behandelt wird. Andererseits aber ist dieser Gang nicht so groß, daß man deswegen die einzelnen Breiten für sich behandeln müßte; es genügt vielmehr, nun aus diesen $N(m)$ für die einzelnen Breiten ein mittleres $N(m)$ für die Zone 0 bis $\pm 20^0$ zu berechnen. Die daraus sich ergebenden Werte von $\log N(m)$ sind in der Tabelle 2 zusammengestellt, wobei die Werte für $m = 9, 11, 13{,}5, 16$ und 18 direkt berechnet, die Werte für die anderen Helligkeiten danach interpoliert sind. Gerechnet wurden die Werte für jede halbe Größenklasse des bequemeren Interpolierens wegen, doch für die späteren Untersuchungen genügen völlig die Werte für jede volle Größenklasse. Neben den $\log N(m)$ sind in Tabelle 2 auch zugleich die $\log A(m)$ gegeben, die nach der von Seares* angegebenen Formel berechnet sind:

$$A(m) = \frac{dN(m)}{dm} = \frac{N(m)}{\text{Mod.}} \cdot \frac{d(\log N(m))}{dm} = \frac{N(m)}{\text{Mod.}} (\log N_{(m+1/2)} - \log N_{(m+1/2)}).$$

---
* Vgl. S. 255, Anm. **.

Die mit Δ überschriebenen Spalten geben die Differenzen zwischen den von SEARES* für die Zone 0 bis $\pm 20^0$ durch Mittelung über sämtliche Längen berechneten und den hier für das normale und dunkle Gebiet gefundenen Werten, während die mit D bezeichneten Spalten die Differenz zwischen den Werten für das normale und dunkle Gebiet gibt.

Tabelle 2.
Die Sternzahlen $\log N(m)$ und $\log A(m)$ im normalen und dunklen Gebiet.

m	log $N(m)$		D	normal log $A(m)$	Δ	dunkel log $A(m)$	Δ	D
	normal	dunkel						
9	0,450	0,159	0,291	0,432	+ 0,073	0,100	− 0,259	0,332
10	0,870	0,544	0,326	0,859	+ 0,072	0,498	− 0,289	0,361
11	1,298	0,941	0,357	1,295	+ 0,091	0,909	− 0,295	0,386
12	1,731	1,350	0,381	1,730	+ 0,119	1,329	− 0,282	0,401
13	2,163	1,766	0,397	2,155	+ 0,145	1,747	− 0,263	0,408
14	2,582	2,179	0,403	2,558	+ 0,164	2,156	− 0,238	0,402
15	2,984	2,589	0,395	2,939	+ 0,179	2,558	− 0,202	0,381
16	3,364	2,987	0,377	2,293	+ 0,188	2,941	− 0,164	0,352
17	3,722	3,368	0,354	3,624	+ 0,197	3,298	− 0,129	0,326
18	4,057	3,726	0,331	3,928	+ 0,202	3,627	− 0,099	0,301

Im folgenden soll nun zunächst das normale Gebiet allein behandelt werden, indem daraus der Bau des typischen Sternsystems berechnet werden soll. Die nach der Formel von SEARES berechneten $A(m)$ sind definitionsgemäß die jeweilige Anzahl der Sterne auf einem Quadratgrad zwischen den scheinbaren Größen $m - 1/2$ und $m + 1/2$. Bisweilen definiert man als $A(m)$ auch die auf 10 000 Quadratgrad entfallende Zahl von Sternen; da diese Definition im folgenden häufig benutzt wird, soll das so definierte $A(m)$ mit $a(m)$ bezeichnet werden. Diese Sternzahlen $a(m)$ lassen sich recht gut, und wie kürzlich LUNST** in einer Arbeit gezeigt hat, auch für die späteren Untersuchungen völlig ausreichend darstellen durch den Ausdruck

$$a(m) = e^{a + bm + cm^2}.$$

Die daraus nach der Methode der kleinsten Quadrate berechneten Koeffizienten a, b und c sind:

$a = -1{,}278 \;(+ 0{,}208), \quad b = + 1{,}452 \;(+ 1{,}214), \quad c = -0{,}0203 \;(-0{,}0129)$

wesentlich verschieden von den von LUNST für die gleiche Zone berechneten Werten, der zwar dasselbe Material benutzt, aber die dunklen Gebiete nicht eliminiert hat. Die Werte von LUNST sind in Klammern beigefügt. Wie gut durch diese Näherungsformel die Sternzahlen dargestellt sind, ist aus

---

* Vgl. S. 255, Anm. **.
** L. DUNST, Über die räumliche Verteilung der Sterne. Budapest 1929.

Tabelle 3.
Beobachtete und berechnete Sternzahlen.

m	log a (m) beobachtet	log a (m) berechnet	B.-R.	m	log a (m) beobachtet	log a (m) berechnet	B.-R.
9	4,432	4,406	+0,026	14	6,558	6,545	+0,013
10	4,859	4,869	−0,010	15	6,939	6,920	+0,019
11	5,295	5,315	−0,020	16	7,293	7,277	+0,016
12	5,730	5,743	−0,013	17	7,624	7,617	+0,007
13	6,155	6,153	+0,002	18	7,928	7,939	−0,011

Tabelle 3 ersichtlich, in der die beobachteten und die nach der Formel berechneten $\log a\,(m)$ gegenübergestellt sind. Nach DUNST läßt sich eine noch bessere Darstellung erreichen durch die Näherungsformel:

$$a\,(m) = e^{\alpha + \beta m + \gamma m^2 + \delta m^3},$$

doch hat das auf die Berechnung der Dichtefunktion keinen Einfluß, wofern man sich auf das Intervall von etwa 40 bis 10000 Parsek beschränkt.

Um die Dichtefunktion $D(r)$ zu berechnen, nämlich die Anzahl der Sterne in einem Kubikparsek verglichen mit der entsprechenden Anzahl in der Nähe der Sonne als Einheit, die sich ebenfalls in der Form:

$$D\,(r) = e^{h + k \log r + l \log r^2}$$

völlig ausreichend darstellen läßt, muß die Verteilungsfunktion der absoluten Größen bekannt sein, nämlich die Anzahl der Sterne zwischen den absoluten Größen $M - {}^1/_2$ und $M + {}^1/_2$ (M für 1 Parsek) in einem Kubikparsek in der Umgebung der Sonne. Für diese Funktion genügt nach den Untersuchungen von DUNST in dem betrachteten Helligkeitsbereich und in der betrachteten Zone völlig der Ansatz:

$$\varphi\,(M) = e^{p + q M + s M^2},$$

wobei die Koeffizienten sind:

$$p = -6{,}066, \quad q = +0{,}339, \quad s = -0{,}0869.$$

Damit ergeben sich die Konstanten der Dichtefunktion aus den bekannten Beziehungen (vgl. die zitierte Arbeit von DUNST):

$$l = \frac{25\,c\,s}{s-c}, \quad G = -l - 25\,s, \quad k = 5q - 6{,}908 - \frac{G\,(b-q)}{5\,s},$$

$$H = k - 5q + 6{,}908, \quad h = a - p - 2{,}520 + \frac{\log G}{0{,}8686} - \frac{H^2}{4\,G},$$

und zwar sind ihre Werte:

$$p = -1{,}861\ (+1{,}636), \quad k = +2{,}048\ (-0{,}075), \quad l = -0{,}6622\ (-0{,}379),$$

wobei zum Vergleich wieder die Werte von DUNST in Klammern gegeben sind.

Damit ergibt sich für die Dichtefunktion der Ausdruck:

$$\log D(r) = -0{,}808 + 0{,}889 \log r - 0{,}2876 \log^2 r.$$

Die somit erhaltenen Werte der Sterndichte sind in Tabelle 4 zusammengestellt und mit den entsprechenden Dichtewerten von DUNST verglichen. Wie zu erwarten war, ist die Dichte im allgemeinen größer, als man bisher angenommen hatte. Die geringere Dichte für kleine Entfernungen ist ohne Bedeutung, da für zu kleine und zu große Entfernungen die Dichtefunktionen überhaupt illusorisch werden. Nimmt man als Grenze des lokalen Systems diejenige Entfernung an, in der die Dichte $D(r) = 0{,}05$ wird, wie es allgemein üblich ist, so findet man als Grenze für die Zone 0 bis $\pm 20^0$, d. h. also etwa für die Breite 10^0, die Entfernung 3700 Parsek gegen 2500 Parsek bei DUNST.

Tabelle 4.
Verlauf der Sterndichte im typischen Sternsystem in der Zone 0 bis $\pm 20^0$.
Entfernung r in Parsek.

| log r | r | log $D(r)$ | | Differenz |
		diese Arbeit	Dunst	
2,0	100	9,82	9,99	— 0,17
2,2	158	9,76	9,84	— 0,08
2,4	251	9,67	9,69	— 0,02
2,6	398	9,56	9,51	+ 0,05
2,8	631	9,43	9,33	+ 0,10
3,0	1 000	9,27	9,13	+ 0,14
3,2	1 585	9,09	8,92	+ 0,17
3,4	2 512	8,89	8,70	+ 0,19
3,6	3 981	8,67	8,46	+ 0,21
3,8	6 310	8,42	8,21	+ 0,21
4,0	10 000	8,15	7,95	+ 0,20

Betrachtet man nun nach diesen Ergebnissen das von DUNST skizzierte Bild der Milchstraße, in dem er die Kurven gleicher Dichte gezeichnet hat, und wo z. B. die Dichte 0,01 in der Milchstraßenebene in der Entfernung von etwa 12000 Parsek, in der Richtung senkrecht dazu schon bei 2000 Parsek erreicht wird, so kommt man nach den hier erhaltenen Ergebnissen zu etwa folgender Änderung dieses Bildes. Die Kurven gleicher Dichte werden in der Milchstraßenebene weiter nach außen verschoben, und zwar um mehr als das $1^1/_2$fache der Entfernung, für die Breite 10^0 wird die Verschiebung ziemlich genau das $1^1/_2$fache sein, für die Breite 20^0 schon weniger als das $1^1/_2$fache, und wird dann rasch abnehmen, so daß vielleicht schon bei der Breite 30^0 der alte Wert angenommen wird. Im übrigen wird diese Verschiebung ihren größten Wert in den mittleren Entfernungen von vielleicht

2000 bis 8000 Parsek haben und wird für kleinere sowie größere Entfernungen etwas geringer sein, für ganz kleine Entfernungen sogar ganz verschwinden, da hier die Wirkung der dunklen Wolken noch nicht merkbar ist. Alles in allem wird die Dicke des engeren Milchstraßensystems nicht geändert, wohl aber erstreckt es sich in der Milchstraßenebene erheblich weiter, als es nach den Untersuchungen von DUNST der Fall ist.

Mit Rücksicht auf diese Arbeit von DUNST soll hier auch noch folgende Betrachtung eingefügt werden. DUNST berechnet aus seiner gefundenen Dichtefunktion mittels einfacher Relationen die mittleren säkularen Parallaxen der Sterne verschiedener Helligkeit und vergleicht die hiermit erhaltenen Werte mit den in Groninger Publ. 29, Tabelle 26, gegebenen, die aus der Eigenbewegung der Sterne berechnet sind. Bei diesem Vergleich berücksichtigt er nun nicht, daß die Helligkeiten, für die seine Dichtefunktion gilt, in der internationalen photographischen Skala gegeben sind, während die Parallaxen in Groninger Publ. 29 für die visuelle Havardskala berechnet sind. Hier ist nun der Versuch gemacht, mittels der Angaben in Ap. J. 61 von SEARES die Groninger Tafeln auf das internationale photographische System zu reduzieren. Allerdings wird dadurch die Übereinstimmung zwischen den aus den Dichtewerten und den aus den Eigenbewegungen berechneten nicht besser, wie man an der Tabelle 5 sieht. Auch die nach der vorliegenden Untersuchung berechneten Parallaxenwerte stimmen mit den Eigenbewegungsparallaxen nicht gut überein, doch liegt das einerseits daran, daß für kleine Entfernungen die Dichtefunktion nicht mehr gilt, so daß auch die daraus berechneten Parallaxenwerte nicht mehr gültig sind, und andererseits sind die aus den Eigenbewegungen berechneten

Tabelle 5.
Mittlere säkulare Parallaxe als Funktion der Größe m und der galaktischen Breite b.
Differenz = Parallaxenwerte in Groninger Publ. 29 minus den hier berechneten Parallaxen.

| | $b =$ | 0^0 | 30^0 | | 60^0 | | 90^0 | | 10^0 | |
| m | | | nach Dunst | | | | | | diese Arbeit | |
	$\pi(m)$	Differenz	$\pi(m)$	Differenz	$\pi(m)$	Differenz	$\pi(m)$	Differenz	$\pi(m)$	Differenz
4	0″,1383	−0″,0448	0″,1173	−0″,0148	0″,1143	+0″,0128	0″,1215	+0″,0216	0″,0838	+0″,0112
5	0″,0933	−0″,0258	0″,0828	−0″,0070	0″,0824	+0″,0122	0″,0878	+0″,0187	0″,0589	+0″,0102
6	0″,0630	−0″,0122	0″,0585	−0″,0021	0″,0594	+0″,0116	0″,0634	+0″,0171	0″,0414	+0″,0108
7	0″,0425	−0″,0043	0″,0412	+0″,0014	0″,0428	+0″,0109	0″,0458	+0″,0142	0″,0290	+0″,0101
8	0″,0286	−0″,0002	0″,0291	+0″,0032	0″,0309	+0″,0098	0″,0331	+0″,0123	0″,0204	+0″,0089
9	0″,0193	+0″,0026	0″,0206	+0″,0039	0″,0223	+0″,0083	0″,0239	+0″,0103	0″,0143	+0″,0079
10	0″,0131	+0″,0036	0″,0145	+0″,0041	0″,0161	+0″,0071	0″,0173	+0″,0087	0″,0101	+0″,0069
11	0″,0088	+0″,0035	0″,0103	+0″,0036	0″,0116	+0″,0056	0″,0125	+0″,0068	0″,0071	+0″,0055
12	0″,0060	+0″,0028	0″,0072	+0″,0027	0″,0084	+0″,0039	0″,0090	+0″,0049	0″,0050	+0″,0040
13	0″,0040	+0″,0021	0″,0051	+0″,0019	0″,0060	+0″,0028	0″,0065	+0″,0033	0″,0035	+0″,0028
14	0″,0038	+0″,0005	0″,0029	+0″,0021	0″,0027	+0″,0036	0″,0028	+0″,0042	0″,0025	+0″,0019

Parallaxen gerade für die schwächeren Sterne relativ unsicher. Die Groninger Parallaxen scheinen nach Tabelle 5 im allgemeinen zu groß zu sein, und das stimmt überein mit den Untersuchungen im fünften Abschnitt dieser Arbeit.

2. *Die Entfernung und Absorption der dunklen Wolken in den ausgesonderten verdunkelten Gebieten.* Nachdem nun das normale Gebiet für sich erschöpfend behandelt worden ist, ist das nächste Ziel, das normale Gebiet mit dem verdunkelten Gebiet zu vergleichen, um zu berechnen, in welcher Entfernung ungefähr diese dunklen Wolken liegen, und wie groß die durchschnittliche Absorption ist. Natürlich können auf diese Weise nur genäherte Mittelwerte gefunden werden, da in diesen ausgedehnten Gebieten die Dicke und damit die Absorption der Wolken außerordentlich stark schwanken wird, und auch die Entfernung wird gewissen, wenn auch wohl geringeren Schwankungen unterworfen sein.

Vergleicht man nun in den schon oft erwähnten Tafeln von SEARES über die Restabweichungen die beiden dunklen Gebiete im Taurus und Ophiuchus miteinander, so sieht man, daß die in den Sternzahlen sich äußernden Abweichungen im großen und ganzen von derselben Größenordnung sind, so daß man hiernach den sicheren Eindruck hat, daß für diese beiden großen Gebiete Entfernung und Absorption sehr nahe gleich sein muß. Zu demselben Ergebnis ist auch PANNEKOEK * gekommen bei seinen Untersuchungen an Hand der Durchmusterungskataloge nach den Abweichungen der helleren Sterne von der mittleren Verteilung. In dieser Arbeit hier wurden nun zunächst beide Gebiete getrennt behandelt, doch zeigte sich auch hier, daß die Sternzahlen in beiden Gebieten ungefähr gleich waren und auch als Funktionen der scheinbaren Helligkeit betrachtet den gleichen Verlauf nahmen. Nur erwiesen sich die Sternzahlen im Ophiuchusgebiet als etwas größer als die im Taurusgebiet, was daran liegt, daß sich das Ophiuchusgebiet in der Richtung zum Zentrum des Systems befindet, das Taurusgebiet aber in der entgegengesetzten Richtung. Aus diesen Gründen ist es voll gerechtfertigt, diese beiden dunklen Gebiete zusammenzufassen, wie es von nun an im folgenden stets geschehen ist. Auf diese Weise eliminiert man auch wieder die exzentrische Stellung der Sonne, da die beiden Gebiete um etwa 180^0 auseinander liegen.

Die einfachste und anschaulichste Methode zur Bestimmung der Absorption und Entfernung solcher absorbierenden Wolken ist die von WOLF** angegebene graphische Methode. Man trägt sowohl für das dunkle Gebiet

---
* A. PANNEKOEK, Researches on the structure of the universe, I. The local starsystem, Amsterdamer Publ. **1**, 1924.

** A. N. **219**, 109; **223**, 89; **229**, 1; Seeliger-Festschrift **312**, 1924.

wie für das normale Gebiet, mit dem man vergleicht, die Sternzahlen log $N(m)$ als Ordinaten zu den Helligkeiten als Abszissen an. Für helle Sterne werden sich die beiden Kurven annähernd decken; an der Stelle, wo die Wolke anfängt, wird die „dunkle" Kurve von der „normalen" nach unten abbiegen, und zwar so lange, bis die Wolke aufhört, um von da an wieder zur normalen Kurve parallel zu laufen. Aus der Verschiebung beider Kurven gegeneinander kann man die Absorption ablesen, während das Stück der Kurve, das nicht zur normalen Kurve parallel ist, die mittlere Entfernung der Wolke angibt. Dabei ist es nicht der Fall, daß die Wolke schon genau dort einsetzt, wo das erste Abbiegen erfolgt, vielmehr wird sie erst viel später anfangen, da sich wegen der starken Streuung der Verteilungs-

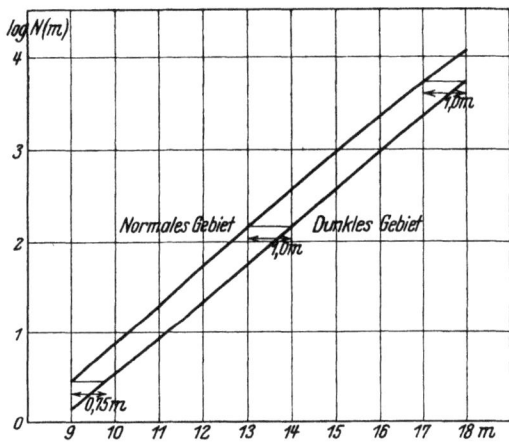

Abb. 1. Die mittleren Sternzahlen im normalen Gebiet und im dunklen Ophiuchus- und Taurusgebiet nach Tabelle 2.

funktion der absoluten Größen ihr Einfluß schon bei größeren Helligkeiten bemerkbar macht. Aus diesem Grunde dürfte auch die bisweilen von WOLF geschätzte Dicke solcher Wolken etwas zu hoch gegriffen sein.

Die für das hier behandelte Gebiet geltende Zeichnung ist in der Abb. 1 dargestellt. Die obere Kurve gibt den Verlauf der Sternzahlen im normalen Gebiet, die untere Kurve den Verlauf im verdunkelten Ophiuchus- und Taurusgebiet. In dem hier gegebenen Helligkeitsintervall laufen die Kurven nahezu schon parallel, nur bei den helleren Sternen nähern sie sich ein wenig. Leider ist gerade die Stelle, wo die Kurven auseinandergehen, nicht erfaßt, sie muß bei Sternen heller als 9. Größe liegen. Dadurch ist es nun allerdings nicht möglich, die Entfernung der Wolken genau anzugeben; man kann nur sagen, daß der Hauptteil der Wolken sicher nicht weiter entfernt ist, als es die Sterne 10. Größe sind, eher näher, so daß der mögliche Bereich der Entfernung vielleicht 100 bis 250 Parsek wäre. Sehr gut ist dagegen die Größe der Absorption aus der Zeichnung abzulesen, sie beträgt ziemlich genau eine volle Größenklasse.

Um auch noch ein weiteres Stück der Kurven für die helleren Sterne zu erhalten, wurde der Versuch gemacht, die Sternzahlen $N(m)$ für das normale und dunkle Gebiet aus den Zahlen von VAN RHIJN* abzuleiten, der die Sternzahlen bis zur 6. Größe aufwärts gibt. Doch zeigte sich dabei, daß die Werte von VAN RHIJN für derartige Untersuchungen nicht brauchbar sind, da durch Benutzung von Formeln der Art:

$$\log N_{m,\beta,\lambda} = \overline{\log N_{m,\beta}} + a_0 + a_1 \sin \lambda + a_2 \sin 2\lambda \cdots + a_4 \sin 4\lambda \\ + b_1 \cos \lambda + b_2 \cos 2\lambda \cdots + b_4 \cos 4\lambda$$

die Unterschiede zwischen normalen und dunklen Gebieten viel zu stark ausgeglichen sind. Die beiden Kurven der $\log N(m)$ sind bei der 9. Größe nach VAN RHIJN mehr als doppelt so eng beieinander als nach den hier benutzten Zahlen von SEARES. Aus diesem Grunde wurden die Werte von VAN RHIJN hier nicht genommen.

Nächst der WOLFschen Methode soll nun noch für dieses Gebiet zur Bestimmung der Entfernung und Absorption der Wolken die von PANNEKOEK** angegebene Methode angewandt werden, die weit sicherer und genauer ist, zumal in diesem Fall, wo nur ein begrenztes Stück der Kurve zur Verfügung steht. Der Gedankengang ist sehr einfach und einleuchtend. Man denkt sich an der Stelle, wo sich die Wolke befindet, einen unendlich dünnen Schirm, der das Licht der dahinter liegenden Sterne um einen gewissen Betrag schwächt, alle Sterne vor dem Schirm bleiben dagegen ungeschwächt. Auf diese Weise kommt man zu relativ einfachen Ansätzen und kann nun durch Variieren der Entfernung ϱ und der Absorption ε des Schirmes die Werte ϱ und ε finden, durch die sich die beobachteten Sternzahlen am besten darstellen lassen. Wenn es auch eine große Vereinfachung ist, daß die Wolke als unendlich dünn angenommen wird, so ist doch wesentlich, daß bei dieser Methode im Gegensatz zu der WOLFschen die Streuung der Verteilungsfunktion der absoluten Größen streng berücksichtigt ist.

Da die von PANNEKOEK gegebenen Formeln auf etwas anderen Definitionen der Dichtefunktion usw. beruhen, sollen die Ansätze hier noch

---

* Vgl. Anm. * zu S. 256.
** Vgl. Anm. * zu S. 263 und PANNEKOEK, The distance of the dark nebulae in Taurus, Amsterdam Proceedings **23**, Nr. 5, 1920.

einmal wiedergegeben werden, gültig für die Definitionen und Bezeichnungen, die in dieser Arbeit benutzt wurden. Die Anzahl der Sterne der Größe m auf 10000 Quadratgrad ist gegeben durch die bekannte Formel:

$$a(m) = K \int_0^{+\infty} D(r)\, r^2\, \varphi(m - 5 \log r)\, dr,$$

wobei

$$m - 5 \log r = M \quad \text{und} \quad K = (\pi/180)^2 \cdot 10000 = 3{,}0432$$

ist. Führt man nun für die Entfernung die neue Veränderliche $\varrho = 5 \log r$ ein, so geht die Formel über in:

$$a(m) = \frac{0{,}2\, K}{\log e} \int_{-\infty}^{+\infty} D(\varrho)\, \varphi(m - \varrho)\, e^{\frac{0{,}6}{\log e} \varrho}\, d\varrho.$$

Die drei Funktionen $a(m)$, $\varphi(M)$, $D(\varrho)$ lassen sich (vgl. S. 259 und 260) in der Form darstellen:

$$\ln a(m) = a + bm + cm^2, \quad \ln \varphi(M) = p + qM + sM^2,$$
$$\ln D(r) = h + k_1 \varrho + l_1 \varrho^2,$$

wobei $k_1 = \dfrac{k}{5}$, $l_1 = \dfrac{l}{25}$ ist.

Setzt man diese drei Ausdrücke in die Gleichung für $a(m)$ ein, so kommt man nach einigen Umrechnungen zu folgender Gleichung:

$$a(m) = \frac{0{,}2\, K}{\log e}\, e^{h + p + qm + sm^2 + \frac{\left(\frac{0{,}6}{\log e} + k_1 - q - 2sm\right)^2}{4(-l_1 - s)}} \int_{\infty}^{+\infty} e^{-(-l_1 - s)(\varrho - \varrho_m)^2}\, d\varrho,$$

wenn $\dfrac{\dfrac{0{,}6}{\log e} + k_1 - q - 2sm}{2(-l_1 - s)} = \varrho_m$ gesetzt wird.

Danach ist der Bruchteil der Totalsumme $a(m)$, der beigetragen ist durch die Sterne in der Entfernung ϱ nach der GAUSSschen Kurve:

$$\sqrt{\frac{(-l_1 - s)}{\pi}}\, e^{-(-l_1 - s)(\varrho - \varrho_m)^2}\, d\varrho.$$

Es betrage nun die Absorption ε Größenklassen, und die Wolke befinde sich in der Entfernung ϱ_1, dann liegt ein Bruchteil γ_1 der Sterne m-ter Größe vor der Schicht, der ungeschwächt gesehen wird, und andererseits befindet sich unter den Sternen der Größe $m - \varepsilon$ ein Bruchteil γ_2 hinter dem Schirm, der also um ε Größenklassen geschwächt ist, so daß die wirklich beobachtete Anzahl der Sterne m-ter Größe $a'(m)$ sich zusammensetzt aus den beiden Teilen:

$$a'(m) = \gamma_1 a(m) + \gamma_2 a(m - \varepsilon).$$

Dabei ist γ_1 und γ_2 aus den vorher angeführten Formeln direkt abzulesen, nämlich:

$$\gamma_1 = \sqrt{\frac{(-l_1 - s)}{\pi}} \int_{-\infty}^{\varrho_1} e^{-(l_1 - s)(\varrho - \varrho_m)^2} d\varrho$$

und

$$\gamma_2 = \sqrt{\frac{-l_1 - s}{\pi}} \int_{\varrho_1}^{+\infty} e^{-(l_1 - s_1)(\varrho - \varrho_m)^2} d\varrho.$$

Setzt man hierin den Wert für ϱ_m ein und macht die Substitution

$$\sqrt{(-l_1 - s)}\,(\varrho - \varrho_m) = t,$$

so wird damit

$$\gamma_1 = \frac{1}{\sqrt{\pi}} \int_{-\infty}^{x_1} e^{-t^2} dt \quad \text{und} \quad \gamma_2 = \int_{x_2}^{+\infty} e^{-t^2} dt,$$

und ferner werden die Grenzen

$$x_1 = \sqrt{(-l_1 - s)} \left\{ \varrho_1 - \frac{\dfrac{0{,}6}{\log e} + k_1 - q}{2(-l_1 - s)} + \frac{s}{(-l_1 - s)} m \right\},$$

$$x_2 = x_1 - \frac{s}{\sqrt{(-l_1 - s)}} \varepsilon.$$

In der Arbeit von PANNEKOEK sind nach diesen Ansätzen einige Beispiele für verschiedene ϱ_1 und ε durchgerechnet, so daß man danach einen ungefähren Anhalt hat. Da indes PANNEKOEK eine andere Helligkeitsskala benutzt und andere Sternzahlen $a(m)$ hat, muß in dieser Arbeit die Rechnung vollständig neu durchgeführt werden mit Hilfe der umgeformten Formeln von PANNEKOEK. Für den vorliegenden Fall scheint eine recht gute Annäherung an die Beobachtungsdaten erreicht zu sein, wenn man $\varrho = 12$, d. h. $r = 251$ Parsek und $\varepsilon = 1$ setzt. Das Ergebnis der nach den obigen Formeln durchgeführten Rechnung ist in Tabelle 6 gegeben. Die Werte von $\log a(m)$ für $m = 9$ bis 18 sind die in Tabelle 2 gegebenen beobachteten Werte, während die für $m = 6$ bis 8 berechnet sind nach der Formel:

$$a(m) = e^{a + bm + cm^2},$$

mit den dort gefundenen Koeffizienten a, b und c. Wie man in der letzten Spalte sieht, sind die Differenzen zwischen den beobachteten und be-

Tabelle 6.
Die Darstellung des Unterschieds zwischen normalen und dunklen Gebieten durch eine absorbierende Schicht.
$\varrho = 12.\quad \varepsilon = 1.$

m	log a (m) beobachtet	log a' (m) berechnet	log a (m) − log a' (m)		B.-R.
			berechnet	beobachtet	
6	[2,908]	[2,777]	[0,131]	vgl. Tabelle 2 D	—
7	[3,427]	[3,233]	[0,194]		—
8	[3,926]	[3,661]	[0,265]		—
9	4,432	4,108	0,324	0,332	+ 0,008
10	4,859	4,498	0,361	0,361	0,000
11	5,295	4,892	0,403	0,386	− 0,017
12	5,730	5,307	0,423	0,401	− 0,022
13	6,155	5,732	0,423	0,408	− 0,015
14	6,558	6,155	0,403	0,402	− 0,001
15	6,939	6,558	0,381	0,381	0,000
16	7,293	6,939	0,354	0,352	− 0,002
17	7,624	7,293	0,331	0,326	− 0,005
18	7,928	7,624	0,304	0,301	− 0,003

rechneten Werten sehr gering, so daß die gefundene Darstellung als eine sehr gute Näherung gelten kann.

Eine weitere Stütze dafür, daß diese erhaltenen Werte recht gut sind, gibt die oft erwähnte Arbeit von PANNEKOEK, in der er die Abweichungen von der mittleren Verteilung nach den Durchmusterungskatalogen bestimmt hat. Nach den von ihm gezeichneten Karten für die Abweichungen der Sterne der Größe $m = 8,6$, $7,4$ und $5,7$ von der mittleren Verteilung sieht man gut, daß für diese ausgedehnten dunklen Gebiete die Abweichung von der mittleren Verteilung sich ziemlich so verhält, wie es nach der theoretischen Berechnung der Fall sein sollte.

Schließlich muß noch berücksichtigt werden, daß in den betrachteten verdunkelten Gebieten unverhüllte und mehr oder weniger stark verhüllte Gebiete eingeschlossen sind, so daß der Wert der Absorption von einer Größenklasse nur ein durchschnittlicher Wert ist. Durch diese Vermischung kann übrigens auch, wie ebenfalls PANNEKOEK gezeigt hat, die Entfernung der Wolken etwas zu groß geschätzt werden. Man kann deshalb auch unter Berücksichtigung der nach der WOLFschen Methode gezeichneten Skizze vielleicht als beste Näherung eine Entfernung von rund 200 Parsek annehmen für diese ausgedehnten dunklen Massen im Ophiuchus und im Taurus. Damit ist der bisher für kleinere Teilgebiete gefundene Wert der Entfernung der Wolke bestätigt gefunden für das ganze große in Tabelle 1 angegebene verdunkelte Gebiet.

3. *Die Entfernung und Absorption der dunklen Wolke im Zentrum des großen verdunkelten Ophiuchusgebiets.* Nachdem somit die dunklen Gebiete im großen untersucht sind, ist es von besonderem Interesse, einmal ein kleines Teilgebiet innerhalb dieser Wolken herauszugreifen, wie es zum Beispiel PANNEKOEK bei der Tauruswolke gemacht hat. Dafür traf es sich nun günstig, daß in dem bisher noch nicht so speziell untersuchten Ophiuchusgebiet gerade mitten im Zentrum eins der selected areas liegt, nämlich Nr. 110, und es ist eine lohnende Aufgabe, dieses Gebiet näher zu behandeln, da man hier einen kleinen Teil vor sich hat, in dem die Absorption ziemlich gleichmäßig sein dürfte.

Die beobachteten Sternzahlen in den selected areas sind von van RHIJN* gegeben. Als Vergleichsgebiet benutzt man am besten wieder das eben berechnete normale Gebiet, nur müssen die dort gefundenen Zahlen auf die Breite des dunklen Teilgebiets, nämlich $b = +1,5^0$ reduziert werden. Diese Reduktion wurde ausgeführt durch Vergleich mit den analogen Mittelwerten in Mt. Wilson Contr. 301. Die damit erreichte Genauigkeit ist für den vorliegenden Zweck vollkommen ausreichend.

Die somit gefundenen Werte sind in Tabelle 7 gegeben, und zwar sind wieder gegenübergestellt die Werte im verdunkelten und im normalen Gebiet, wobei D die Differenz angibt. Genau wie vorher sind aus den $N(m)$ die $A(m)$ berechnet und in Tabelle 7 gegeben.

Tabelle 7.
Die Sternzahlen $\log N(m)$ und $\log A(m)$ im Zentrum des dunklen Ophiuchusgebiets und im normalen Vergleichsgebiet.

m	$\log N(m)$			$\log A(m)$		
	normal	dunkel	D	normal	dunkel	D
9	0,531	0,297	0,234	0,517	0,228	0,289
10	0,956	0,681	0,275	0,951	0,638	0,313
11	1,388	1,020	0,368	1,391	0,859	0,532
12	1,829	1,320	0,509	1,836	1,191	0,645
13	2,270	1,671	0,599	2,270	1,504	0,766
14	2,697	1,912	0,785	2,680	1,661	1,019
15	3,105	2,123	0,982	3,066	1,879	1,187
16	3,490	2,403	1,087	3,425	2,105	1,320
17	3,852	2,613	1,239	3,757	2,323	1,434
18	4,189	2,820	1,369	4,063	2,716	1,347
18,5	4,349	3,065	1,284	—	—	—

Daraus wurden nun wieder für das normale Gebiet die Koeffizienten a, b und c berechnet, sowie die Koeffizienten der Dichtefunktion h, k und l.

---
* Vgl. Anm. * zu S. 256.

Diese letzte Rechnung ist notwendig, da für die Anwendung der PANNEKOEK-schen Methode zur Bestimmung der Entfernung und Absorption der Wolken die Koeffizienten b, c, k und l bekannt sein müssen. Im übrigen ist die Darstellung der Sternzahlen $a(m)$ durch die Funktion

$$a(m) = e^{a + bm + cm^2}$$

natürlich gleich gut wie die in Tabelle 3, da die hier benutzten $a(m)$ ja doch aus den früheren abgeleitet sind; es erübrigt sich deshalb eine Gegenüberstellung der berechneten und beobachteten Werte. Die Werte der Konstanten sind:

$$a = -1{,}354 \quad b = +1{,}490 \quad c = -0{,}02114$$
$$h = -2{,}315 \quad k = +2{,}388 \quad l = -0{,}6966$$

Den ersten Einblick in die bei dieser Wolke vorliegenden Verhältnisse gewinnt man aus der graphischen Darstellung der $\log N(m)$ in der Abb. 2.

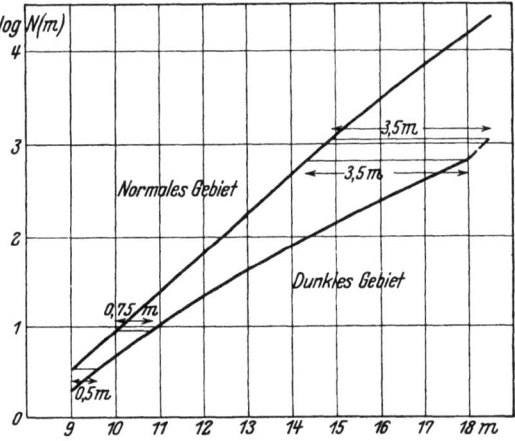

Abb. 2. Die mittleren Sternzahlen im Zentrum des dunklen Ophiuchusgebiets und im normalen Vergleichsgebiet nach Tabelle 7.

Es scheint hier indes die Sachlage etwas verwickelter zu sein als bei dem vorigen Beispiel. Das vorhin so ausgeprägte Parallellaufen der beiden Kurven zeigt sich hier eigentlich nirgends oder höchstens für die helleren Sterne, während nachher die Kurven wieder weiter auseinandergehen. Der letzte Wert von $\log N(m)$ für die Helligkeit $m = 18{,}5$ scheint allerdings anzudeuten, daß bei $m = 18$ die untere Kurve umbiegt und parallel zur oberen wird, doch ist 18,5 die letzte Helligkeitsstufe, für die die Sterne auf der Mt. Wilson-Platte abgezählt wurden, und es ist klar, daß bei der Grenzhelligkeit der Platte die Sicherheit ziemlich gering wird, so daß diesem letzten Wert von $N(m)$ kein allzugroßes Gewicht beizumessen ist.

Auf jedem Fall aber scheinen die Verhältnisse hier ganz ähnlich zu liegen wie bei dem von WOLF untersuchten Amerikanebel*, bei dem die Kurven einen ganz ähnlichen Verlauf nehmen. WOLF zog daraus den Schluß, daß beim Amerikanebel zwei dunkle Wolken hintereinander gelagert sind, und das scheint auch hier zuzutreffen. Die erste Wolke liegt näher als die Sterne 9. Größe, also näher als vielleicht 180 Parsek; ihre genaue Entfernung läßt sich nach dieser Methode nicht angeben, da für die helleren Sterne keine brauchbaren Werte der Sternzahlen vorliegen wegen der geringen Anzahl dieser Sterne in dem kleinen Gebiet; der erste Knick der Kurve wird also nicht erfaßt. Die Absorption dieser ersten Wolke beträgt etwa $^1/_2$ Größenklasse.

Von den Sternen der 9. bis zur 11. Größe laufen die Kurven nahezu parallel, dann aber setzt der zweite Knick ein, d. h. hier beginnt der Einfluß der zweiten Wolke. Berücksichtigt man die große Streuung der Verteilungsfunktion der absoluten Größen, so dürfte die mittlere Entfernung der zweiten Wolke vielleicht bei den Sternen 14. und 15. Größe liegen, d. h. ihre Entfernung dürfte rund 1000 Parsek sein. Die Absorption ist hier sehr stark, nämlich etwa $3^1/_2$ Größenklassen.

Man braucht nun nicht anzunehmen, daß hier zwei getrennte Wolken hintereinander liegen, vielmehr deutet der stetige Verlauf der Kurve eher darauf hin, daß die Wolken zusammenhängen, daß ein kontinuierlicher Übergang stattfindet, nur hat dann diese eine große Wolke zwei stärkere Konzentrationen bei vielleicht 150 und bei 1000 Parsek. Nimmt man nun noch das Ergebnis des vorigen Abschnitts hinzu, so ergibt sich folgendes Gesamtbild. In dem ganzen, großen, früher näher bezeichneten Ophiuchusgebiet befinden sich in der mittleren Entfernung von 200 Parsek dunkle Wolken, bald dichter, bald dünner, mit einer mittleren Absorption von 1 Größenklasse. Gegen das Zentrum hin, das etwa bei 0^0 Länge und 0^0 Breite liegt, verdichtet und vergrößert sich die Wolke sowohl in Richtung zur Sonne als auch ganz besonders in der entgegengesetzten Richtung bis zur Entfernung von 1000 Parsek.

Daß sich übrigens die Einwirkung dieser Wolke wie die der Tauruswolke bis zu den hellsten Sternen hin bemerkbar macht, bestätigt eine Untersuchung von SHAJN** an den Sternen des Henry-Draper-Katalogs. SHAJN untersucht die Verteilung dieser Sterne nach galaktischer Länge und findet hier zwei Minima der Flächendichte ungefähr bei 350^0 und bei

---

* M. WOLF, Die Sternleeren beim Amerikanebel, A. N. 223, 1924.
** G. SHAJN, On the distribution of the stars of the Henry Draper Catalogue down to $8^m,25$; A. N. **232**, 1927.

135⁰ Länge, und das ist die Ophiuchus- und die Taurusgegend. Diese Erscheinung ist am stärksten ausgeprägt für die B-Sterne, sowie für die K- und M-Sterne. Da sich nun diese Minima sogar bei den hellsten Sternen noch zeigen, wird man zu der Vermutung geführt, daß vielleicht sogar die Wolken im Ophiuchus und Taurus zusammenhängen, so daß sich also unsere Sonne selbst innerhalb solch einer absorbierenden Wolke befindet.

Eine interessante Bestätigung findet diese Vermutung in einer Untersuchung von KING*, der auf Grund des Studiums der Farbenindizes der helleren Sterne nachweist, daß die helleren Sterne mit wachsender Entfernung röter werden, d. h. es findet eine selektive Absorption statt, doch geht diese Absorption nur bis zu einer bestimmten Entfernung, so daß KING daraus den Schluß zieht, unsere Sonne befindet sich innerhalb einer Wolke von absorbierender Materie im Umkreis von mindestens 100 Lichtjahren. Will man annehmen, daß diese Wolke wirklich eine Verbindung ist zwischen der Taurus- und Ophiuchuswolke, so müßte das von KING beobachtete Röterwerden mit wachsender Entfernung nicht nur, wie er festgestellt hat, in der Milchstraße stärker sein als am galaktischen Pol, sondern auch besonders stark in der Richtung zum Ophiuchus und zum Taurus. Überhaupt wäre es eine lohnenswerte Aufgabe, die Farbenindizes in verhüllten Gegenden zu untersuchen, ob ein Röterwerden stattfindet, also selektive Absorption, oder nicht. Eine derartige Untersuchung hat bisher nur WOLF** an einem Gebiet gemacht und hier kein Röterwerden gefunden, doch ist damit noch nichts über andere absorbierende Wolken gesagt, es muß dies von Fall zu Fall untersucht werden.

Diese nach der WOLFschen Methode nach Abb. 2 vermuteten Verhältnisse bei der Ophiuchuswolke werden im übrigen voll bestätigt, wenn man auch auf dieses Gebiet die Methode von PANNEKOEK anwendet. Nach dieser Methode sind nun zwei Darstellungen möglich. Entweder nimmt man eine einzige Wolke an mit $\varepsilon = 4$ und $\varrho = 14$, d. h. $r = 630$ Parsek, oder man macht den Ansatz für zwei Wolken, die eine mit $\varepsilon = 1/2$ und $\varrho = 11$, d. h. $r = 160$ Parsek, die andere mit $\varepsilon = 3^{1}/_{2}$ und $\varrho = 15$, d. h. $r = 1000$ Parsek, also entsprechend den nach der WOLFschen Methode gefundenen Werten. Die Darstellung ist in beiden Fällen gut, wie man an Tabelle 8 sehen kann, doch ist sie noch befriedigender für die zweite Annahme, da hier die Abweichungen des beobachteten vom berechneten Wert absolut keinen systematischen Verlauf zeigen. Außerdem müßte bei An-

---

* E. S. KING, Possible local cloud of absorbing matter. Harvard College Circular **299**, 1927.
** M. WOLF, Über den dunklen Nebel N. G. C. 6960, A. N. **219**, 1923.

Tabelle 8.
Die Darstellung des Unterschieds zwischen dem Zentrum des dunklen Ophiuchusgebiets und dem normalen Vergleichsgebiet durch eine bzw. zwei absorbierende Schichten.

m	$\log A'(m) - \log A^0(m)$ beobachtet	$\log A'(m) - \log A^0(m)$ berechnet				B.-R. für	
		1 Schicht	2 Schichten			1 Schicht	2 Schichten
			I	II	Σ		
7	—	− 0,075	− 0,180	− 0,031	− 0,211	—	—
8	—	− 0,132	− 0,206	− 0,061	− 0,267	—	—
9	− 0,285	− 0,216	− 0,240	− 0,121	− 0,361	− 0,069	+ 0,076
10	− 0,313	− 0,332	− 0,210	− 0,186	− 0,396	+ 0,019	+ 0,083
11	− 0,532	− 0,485	− 0,218	− 0,291	− 0,509	− 0,047	− 0,023
12	− 0,645	− 0,675	− 0,221	− 0,429	− 0,650	+ 0,030	+ 0,005
13	− 0,766	− 0,899	− 0,216	− 0,602	− 0,818	+ 0,133	+ 0,052
14	− 1,019	− 1,145	− 0,202	− 0,804	− 1,006	+ 0,126	− 0,013
15	− 1,187	− 1,370	− 0,190	− 1,014	− 1,204	+ 0,183	+ 0,017
16	− 1,320	− 1,507	− 0,175	− 1,176	− 1,351	+ 0,187	+ 0,031
17	− 1,434	− 1,482	− 0,162	− 1,233	− 1,395	+ 0,048	− 0,039
18	− 1,347	− 1,395	− 0,150	− 1,193	− 1,343	+ 0,048	− 0,004

nahme der einen Wolke allein die Abweichung von der mittleren Verteilung der Sterne in dieser Gegend schon bei den Sternen 6. Größe verschwinden, was doch nach SHAJN nicht der Fall ist. Es scheint also auch nach der PANNEKOEKschen Methode die Annahme der zwei Wolken die größere Wahrscheinlichkeit zu besitzen.

Übrigens liefert diese Bestimmung der Entfernung der Ophiuchuswolke eine Ergänzung zu der von BECKER[*] gegebenen Zusammenstellung der bisher näher untersuchten dunklen Wolken, in der die Ophiuchuswolke überhaupt nicht aufgeführt wurde, obwohl sie von PANNEKOEK[**] untersucht worden war, der die Entfernung auf 130 Parsek schätzte, während SHAPLEY[***] rund 200 bis 300 Parsek dafür annahm.

4. Die Sternzahlen in der Gabel der Milchstraße vom Schwan bis zum Ophiuchus. Während die bisher behandelten Gebiete trotz ihrer oft so großen Absorption für den mit unbewaffnetem Auge schauenden Beobachter gar nicht in Erscheinung treten, gibt es eine Stelle am Himmel, die auf den ersten Blick so dunkel gegen die hellere Umgebung erscheint, daß schon vielfach die Vermutung geäußert worden ist, daß man hier absorbierende Wolken vor sich hat. Das ist die Gegend in der großen dunklen Gabelung der Milchstraße, die sich vom Schwan bis zum Ophiuchus erstreckt. Es

---
[*] FR. BECKER, Über interstellare Massen und die Absorption im Weltenraum. Ergebnis der exakten Naturw. **9**, 1930.
[**] Vgl. Anm. [*] zu S. 263.
[***] Harvard College Circular **239**.

ist nun von Interesse, einmal festzustellen, ob sich diese für das Auge so auffällige Erscheinung auch in den Sternzahlen äußert, und ob man diese Erscheinung vielleicht auch durch die Annahme einer Absorption darstellen kann.

Um die richtige Auswahl des dunklen Gebiets in der Milchstraße zu treffen, sind am geeignetsten die Zeichnungen von PANNEKOEK*, der die Milchstraße einerseits selbst beobachtet hat und andererseits seine Beobachtungen mit denen anderer Beobachter verglichen und verbunden hat. Auf diesen Karten sind die mehr oder weniger hellen Stellen der Milchstraße, wie sie dem Auge erscheinen, mehr oder weniger stark schraffiert, so daß man hiernach sehr gut die besonders dunklen Gebiete aussondern kann. Die damit ausgesuchten Punkte sind in der kleinen Tabelle 9 zusammengestellt, während als Vergleichsgebiete die möglichst nahe dabei gelegenen hellen Gebiete genommen sind bis zur Breite 10^0. Wenn sich die dunkle Gabel auch noch etwas weiter nach Süden verfolgen läßt, so sind doch die südlichsten Teile hier nicht mitbenutzt worden, weil diese in das verdunkelte Ophiuchusgebiet hineinreichen.

Tabelle 9.
Die dunklen Gebiete in der Milchstraße sowie die hellen Vergleichsgebiete daneben.

Länge	Dunkles Gebiet (Breite)				Helles Gebiet (Breite)			
60^0	—	0^0	$+5^0$	$+10^0$	-10^0	-5^0	—	—
50	—	0^0	—	—	-10^0	-5^0	—	—
40	—	—	—	—	-10^0	—	0^0	$+5^0$
30	-5^0	—	—	—	—	—	$+5^0$	$+10^0$
20	—	0^0	$+5^0$	—	-10^0	-5^0	—	—

Für die Berechnung der Sternzahlen in diesen Gebieten wurden wieder die schon oft erwähnten Tabellen von SEARES benutzt, aus denen wieder genau wie vorher die mittleren Sternzahlen $N(m)$ für das helle und das dunkle Gebiet, reduziert auf die Breite $b = 5^0$, berechnet wurden. Das Ergebnis ist in der Tabelle 10 gegeben, und zwar nur $\log N(m)$ für die bei SEARES direkt gegebenen Helligkeiten. Anschaulich werden diese Zahlen aber erst in der graphischen Darstellung in der Abb. 3, und da zeigt sich die merkwürdige Tatsache, daß diese für das Auge so auffallende Erscheinung sich in den Sternzahlen nur in ganz geringem Maße äußerst, indem die Sternzahlen in der dunklen Gabel nur wenig kleiner sind als im hellen Teil der Milchstraße daneben.

---

* A. PANNEKOEK, Die nördliche Milchstraße. Annalen der Sternwarte Leiden **9**, 3, 1920.

Untersuchungen über absorbierende Wolken. 275

Will man die dunkle Gabel auch durch die Wirkung einer absorbierenden Wolke erklären, so kommt man, übereinstimmend mit der WOLFschen und der PANNEKOEKschen Methode, die hier nur genähert durchgeführt ist, und deren Ergebnisse hier nicht im einzelnen gegeben werden, zu einer sehr geringen Absorption von einer halben Größenklasse und zu einer sehr

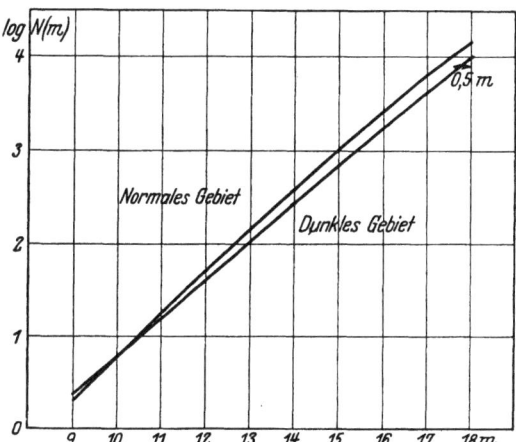

Abb. 3. Die mittleren Sternzahlen in der dunklen Gabel der Milchstraße sowie im Vergleichsgebiet daneben.

großen Entfernung der dunklen Wolke von etwa 1600 Parsek, d. h. die Wolke liegt etwa bei den Sternen der 16. Größe oder eher sogar noch weiter, da die beiden Kurven noch bei den Sternen 18. Größe auseinandergehen.

Tabelle 10.
Die mittleren Sternzahlen innerhalb und außerhalb der dunklen Gabel der Milchstraße.

m	Dunkles Gebiet $\log N\,(m)$	D	Helles Gebiet $\log N\,(m)$
9	0,351	+ 0,027	0,324
11	1,205	− 0,043	1,248
13,5	2,263	− 0,101	2,364
16	3,260	− 0,150	3,410
18	3,987	− 0,172	4,159

Während also die stark absorbierenden Wolken im Ophiuchus und Taurus für das unbewaffnete Auge gar nicht in Erscheinung treten, macht sich die für das Auge so auffallende dunkle Gabel der Milchstraße in den Sternzahlen erst bei den allerschwächsten Sternen bemerkbar, und auch da nur sehr gering. Man könnte also hieraus den Schluß ziehen, daß das ganze

Phänomen der Milchstraße erst hervorgerufen wird durch die Wirkung der allerschwächsten Sterne, vielleicht erst der Sterne 18. Größe und schwächer, während man ganz früher glaubte, daß es im wesentlichen die Sterne 12. Größe wären, und während selbst noch PANNEKOEK in seiner Arbeit über die Milchstraße die Sterne 14. Größe und schwächer dafür verantwortlich machte. Zu einer stärkeren Absorption könnte man im übrigen nur kommen, wenn man die Wolke in noch viel größere Entfernung versetzte, so daß ihre Hauptwirkung vielleicht bei den Sternen der 22. Größe liegen würde.

Immerhin ist das hier erhaltene Ergebnis so verblüffend, daß man sich fragen muß, ob es auch wirklich reell ist, oder ob nicht etwa eine ganz andere beträchtliche Absorption vorhanden ist, die nur durch die Ausgleichung der Beobachtungsdaten in den Tabellen von SEARES verwischt ist. Um diese Frage nachzuprüfen, muß man auf die Grunddaten selbst zurückgehen, d. h. auf die Originalzählungen in den einzelnen selected areas. Es kommen hier in Frage die Felder 18, 39, 40, 41, 63, 64, 65, 87, 88, 111. Diese Felder entsprechen dem in Tabelle 9 angegebenen Gebiet; weiter südlich zu gehen hat keinen Sinn, weil man dann, wie schon erwähnt war, in die Gegend der Ophiuchuswolke kommt, die man bei dieser Untersuchung lieber fortläßt. Übrigens ist dabei zu erwähnen, daß gerade das Zentrum der Ophiuchuswolke, das vorher untersucht worden ist, und das eine so starke Absorption aufwies, von PANNEKOEK und den anderen Beobachtern keineswegs als eine so besonders dunkle Stelle in der Milchstraße geschätzt wird, sondern als eine zwar nicht zu helle, aber ganz normal helle Stelle. Also auch das deutet wieder darauf hin, daß erst viel schwächere Sterne als die der 14. oder sogar der 18. Größe das Licht der Milchstraße zustande bringen.

Die spezielle Untersuchung dieser einzelnen Felder bestätigt nun im allgemeinen das vorige Ergebnis. Zwei von diesen Feldern, Nr. 39 und 63, weisen einen stärkeren positiven Überschuß über die für diese Breite geltende mittlere Verteilung auf, doch liegen beide Felder keineswegs an besonders hellen Stellen der Milchstraße; die von PANNEKOEK geschätzte Helligkeit ist hier nicht größer als z. B. im Zentrum der Ophiuchuswolke, eher sogar etwas geringer. Eine etwa entsprechende negative Abweichung zeigen die Felder Nr. 40 und 87; davon liegt nun allerdings Nr. 87 an einer relativ dunklen Stelle der Milchstraße, doch ist die Abweichung von der mittleren Verteilung hier keineswegs besonders groß, nicht annähernd so groß wie im Zentrum der Ophiuchuswolke, und kaum so groß wie in den schwächer verdunkelten Teilen des Ophiuchus- oder Taurusgebiets.

Das andere Feld mit negativer Abweichung, Nr. 40, liegt aber dafür an einer Stelle, die von PANNEKOEK gerade als ganz besonders hell empfunden wurde. Bei den anderen Feldern ist die Verteilung normal, entsprechend der galaktischen Breite, auch z. B. bei Nr. 64, wo man eher eine negative Abweichung erwarten sollte.

Abschließend kann man also sagen, daß die spezielle Untersuchung der einzelnen selected areas das oben gefundene Ergebnis bestätigt. Die dunkle Gabel in der Milchstraße äußert sich in den Sternzahlen kaum oder nur sehr gering. Will man eine Absorption annehmen, so müßte die absorbierende Wolke in sehr großer Entfernung liegen. Gleichzeitig erscheint es als wahrscheinlich, daß erst die allerschwächsten Sterne, die der 18. Größe und noch schwächer, die ganze Erscheinung der Milchstraße, wie wir sie sehen, zustande bringen.

5. Die Untersuchung von Eigenbewegungen im Taurusgebiet. Wenn wir es in all den eben behandelten Fällen wirklich mit einer Absorption zu tun haben und nicht etwa mit bloßen Sternleeren oder sonstigen Unregelmäßigkeiten in der räumlichen Verteilung der Sterne, so müßte sich die Absorption auch noch in einer anderen Weise nachweisen lassen, nämlich an Hand der parallaktischen Eigenbewegungen der Sterne. Nehmen wir einmal an, ein Stern steht hinter einer absorbierenden Wolke, die sein Licht um genau eine Größenklasse schwächt. Da nun also der Stern um eine Größenklasse schwächer erscheint, als er wirklich ist, so wird seine parallaktische Eigenbewegung, die unverändert geblieben ist, selbstverständlich als zu groß erscheinen für einen Stern dieser Helligkeit. Diese Erscheinung sollte sich allgemein zeigen, wenn man parallaktische Eigenbewegungen von Sternen in verdunkelten Gebieten mit solchen in normalen vergleicht, und im folgenden soll dieser Versuch gemacht werden.

Das vorhandene Material von Eigenbewegungen schwächerer Sterne, denn nur schwächere Sterne, die hinter den dunklen Wolken liegen, werden ja diesen Effekt zeigen, ist leider nicht allzu umfangreich. Zunächst sind vorhanden Eigenbewegungen der $+45^0$-Zone, die von LEE am Yerkes Observatorium bestimmt sind. Die hier ausgemessenen Felder sind sehr klein, in keinem Feld sind es über 100 Sterne und speziell in den für diesen Zweck in Frage kommenden Feldern ist die Anzahl noch viel geringer, sie beträgt nur 25 bis 40 Sterne. Eine so geringe Anzahl ist für den vorliegenden Zweck unbrauchbar, da nur aus vielen Sternen gebildete Mittelwerte gute Resultate liefern können. Weitere Eigenbewegungen sind von SMART in Cambridge bestimmt. Die Anzahl der vermessenen Sterne ist hier im Durchschnitt größer als bei LEE, doch steht dem der Nachteil gegenüber, daß hier eine zuverlässige Helligkeitsangabe fehlt; es sind nur die gemessenen Durchmesser der Sternscheiben auf der Platte gegeben, ohne auf ein gemeinsames System reduziert zu sein; also auch diese Eigenbewegungen können hier nicht benutzt werden. Es bleiben noch übrig die in Groningen vermessenen Eigenbewegungsplatten, die am Radcliff Observatorium, in Helsingfors, in Potsdam und am Cape aufgenommen sind und die veröffentlicht sind in den Groninger Publikationen 19, 25, 28, 30, 33, 35, 39, 42. Von diesen Eigenbewegungen sind die älteren in den Bänden 19 und 25, wie noch nachher nachgewiesen wird, zumal für die schwächeren Sterne so ungenau, daß es von vornherein gar keinen Sinn hat, sie zu benutzen, wenn auch gerade von diesen Platten einige recht günstig in verdunkelten Gebieten liegen.

Aus den anderen Eigenbewegungsgebieten wurden nun diejenigen Felder ausgesucht, die gemäß den auf S. 256 erwähnten für die früheren Zwecke gezeichneten Karten möglichst gut innerhalb der großen verdunkelten Gegend im Taurus lagen. Nun liegen leider die Platten nicht gerade im Zentrum der Tauruswolke, aber immerhin liegen sie so, daß mindestens eine Absorption von einer halben Größenklasse vorhanden ist, so daß der Effekt sich schon merkbar zeigen sollte. Für das dunkle Ophiuchusgebiet standen leider keine brauchbaren Platten zur Verfügung.

Die nun danach getroffene Auswahl ist folgende. Als Platten im dunklen Gebiet wurden genommen aus Groninger Publ. 42 die Gebiete I, V und VI mit 160, 308 und 394 Sternen, sowie die 272 Hintergrundsterne der in Groninger Publ. 35 veröffentlichten Eigenbewegungen im Gebiet der Hyaden. Als Vergleichsplatten kamen zunächst in Frage aus Groninger Publ. 42 die Felder VIII und IX mit 190 und 143 Sternen, die in der Nähe des Taurusgebiets, aber sicher außerhalb des verdunkelten Gebiets liegen, sowie die allerdings ziemlich weit vom Taurus entfernt liegenden Gebiete Groninger Publ. 33, IV mit 395 Sternen und Groninger Publ. 39, II mit 385 Sternen.

Die erste Untersuchung galt nun zunächst den Helligkeiten der Sterne. In Groninger Publ. 42 sind die Helligkeiten an die internationale photographische Skala angeschlossen. Für die helleren Sterne bis etwa zur 9. Größe ist dieser Anschluß nach den Helligkeitsangaben der B. D. streng vollzogen, für die schwächeren Sterne aber wurde zur Bestimmung der Helligkeit folgende Methode angewandt. Es wurden die Sterne mit dem gleichen Durchmesser, also der gleichen Helligkeit immer abgezählt, und aus diesen Zählungen wurde die Anzahl pro Quadratgrad $A(m)$ und $N(m)$ berechnet. Diese Zahlen wurden dann verglichen mit den in Mt. Wilson

Contr. 301 von SEARES und VAN RHIJN bestimmten mittleren Sternzahlen, d. h. den über sämtliche Längen gemittelten Sternzahlen, und nach diesem Vergleich wurden dann die Helligkeiten der Sterne bestimmt. Diese Methode ist recht unkorrekt, da die wirkliche Flächendichte der Sterne ja ziemlich beträchtlichen Schwankungen unterworfen ist, vor allem aber werden vollständig falsche Resultate erhalten, wenn das Gebiet, in dem sich die Platte befindet, durch absorbierende Wolken verdunkelt ist. Denn hier weicht ja die wirkliche Verteilung ganz beträchtlich von der mittleren ab, und nach dieser Methode werden die Sterne nach der Flächendichte eingeschätzt, also in diesem Falle werden sie gerade genau so hell geschätzt, wie sie ohne die Absorption wären, die sich ja eben nur in den Sternzahlen äußert. Auf diese Weise wird also gerade der Effekt vollständig eliminiert, der hier gesucht wird. In ganz derselben Weise ist auch in Groninger Publ. 33 und 39 vorgegangen, nur werden hier nicht die Tabellen von SEARES zum Vergleich benutzt, sondern die in Groninger Publ. 27, und auch die helleren Sterne sind auf das Havard-System reduziert, worauf die Tabelle in Groninger Publ. 27 bezogen ist. In korrekter Weise behandelt sind nur die Helligkeiten in Groninger Publ. 35.

Es ist klar, daß dieses Material in dieser Weise für den vorliegenden Zweck völlig unbrauchbar ist, und es soll hier der Versuch gemacht werden, es durch geeignete Korrektionen zu verbessern. Eine weit bessere Darstellung der mittleren Verteilung als die Tabelle in Mt. Wilson Contr. 301 geben die Tafeln in Mt. Wilson Contr. 346, wo die durchschnittliche mittlere Verteilung für jeden Punkt des Himmels genähert abzulesen ist. Natürlich geben diese Tafeln auch nicht die ganz genaue wirkliche Verteilung, aber jedenfalls ist die Näherung ganz beträchtlich besser. Es wurde demnach nach Mt. Wilson Contr. 346 die mittlere Verteilung für jede Stelle, an der sich eine der oben angeführten Platten befand, bestimmt und verglichen mit der benutzten mittleren Verteilung in Mt. Wilson Contr. 301 oder Groninger Publ. 27. Auf diese Weise ließ sich leicht die Korrektion berechnen, die an den veröffentlichten Helligkeitswerten anzubringen ist. Die Angaben für die helleren Sterne wurden, soweit es nötig war, auf das internationale photographische System reduziert nach den Daten von SEARES im Ap. J. 61, S. 129 und 288. Die anzubringende Korrektion für die helleren und schwächeren Sterne wurde sodann graphisch ausgeglichen, genau wie es in Groningen gemacht war, und damit wurde für jedes Gebiet eine Tabelle aufgestellt, aus der für jede angegebene Helligkeit die zugehörige Korrektion abzulesen ist. Für das Gebiet in Groninger Publ. 35 war nur die Reduktion von Havard auf Mt. Wilson nach dem Ap. J. 61, S. 288 zu vollziehen.

Diese Korrektionstabellen wurden berechnet für alle Platten, die oben angegeben sind, auch für die im normalen Gebiet. Die Korrektionen sind stets positiv, da das Taurusgebiet in der Richtung zum Antizentrum liegt nach der Ansicht von SEARES, also in einer Gegend unter normaler Dichte; dabei ist natürlich die Korrektion für die Platten in den normalen Gegenden sehr gering, nämlich 0,2 bis 0,4 Größenklassen, während sie bei den Platten in verdunkelten Gebieten 0,6 bis 0,8 und mehr beträgt, im Durchschnitt etwa eine halbe Größenklasse mehr.

Um nun die parallaktische Bewegung der Sterne auszurechnen, fragt es sich zunächst, welchen Wert man für den Sonnenapex nehmen will, vor allem, ob der Sonnenapex für die schwächeren Sterne wesentlich verschieden ist von dem der helleren Sterne. Diesbezügliche Untersuchungen sind in neuerer Zeit mehrfach angestellt, z. B. von SMART* an Hand seiner Eigenbewegungen, sowie von Groninger Eigenbewegungen, und auch von VAN DE KAMP** und ALDEN. Diese Untersuchungen scheinen anzudeuten, daß für schwächere Sterne sowohl die Rektaszension wie die Deklination zunimmt; doch wenn man die Mittel aus allen diesen Bestimmungen bildet, so erweist sich die Zunahme doch als ziemlich gering, so daß es bei der Unsicherheit der Eigenbewegungen der schwachen Sterne vielleicht am besten ist, wenn man auch hierfür den Apex der hellen Sterne nimmt. Im übrigen kommt es bei der vorliegenden Untersuchung auch nicht so sehr auf die genaue Lage des Apex an, es soll infolgedessen hier für den Apex die Rektaszension 270^0 und die Deklination $+30^0$ angenommen werden. Damit wurde nun für alle in Frage kommenden Gebiete die Richtung zum Antapex ausgerechnet. Es genügt dabei, allein die Richtung vom Zentrum der Platte zum Antapex zu bestimmen, denn bei dem geringen Durchmesser der Eigenbewegungsfelder von rund $1^1/_2{}^0$ ist die Richtung von den Eckpunkten der Platte nur wenig davon verschieden, und außerdem heben sich die damit gemachten kleinen Fehler gegenseitig recht gut auf, was Versuchsrechnungen bestätigten.

Vor der eigentlichen Untersuchung der parallaktischen Bewegung mußten zuerst die Sterne herausgesucht werden, die eine unwahrscheinlich große Eigenbewegung zeigten, so daß die Gefahr bestand, daß sie das Resultat dadurch verfälschen könnten. Zu diesem Zweck wurden die Sterne für jede Platte getrennt vorläufig nach der Helligkeit und der absoluten Größe der Eigenbewegung für Helligkeitsbereiche von einer halben bis einer

---

* Vgl. M. N. **87**, 1926; **88**, 1927.
** Vgl. A. J. **36**, 1926; B. A. N. **3**, 1926; Publ. of the A. S. P. **37**, 1925.

Untersuchungen über absorbierende Wolken. 281

Tabelle 11.
Beispiel für die Voruntersuchung zum Zwecke des Eliminierens der Sterne unwahrscheinlich großer Eigenbewegung.
Gebiet Groninger Publ. 42, VI. Sterne der Größe m = 13,6 bis 13,9. μ ist der Absolutbetrag der Eigenbewegung.

$\mu =$	$0'',000-0'',004$	5–9	10–14	15–19	20–24	25–29	30–34	über $0'',035$
Anzahl der Sterne	30	43	36	20	9	10	2	1 mit $\mu = 0'',070$

Tabelle 12.
Die wegen zu großer Eigenbewegung ausgeschlossenen Sterne.

Gr. Publ. 42, I			Gr. Publ. 42, V			Gr. Publ. 42, VI			Gr. Publ. 35		
Nr.	m	μ	Nr.	m	μ	Nr.	m	μ	Nr.	m	μ
11	14,0	$0'',043$	858	13,0	$0'',227$	1139	13,5	$0'',049$	57	10,0	$0'',141$
15	13,9	$0'',068$	866	13,1	$0'',080$	1183	12,1	$0'',069$	119	11,5	$0'',154$
25	14,6	$0'',039$	875	13,5	$0'',051$	1210	13,8	$0'',070$	129	11,3	$0'',089$
49	12,9	$0'',091$	895	12,9	$0'',094$	1319	12,2	$0'',093$	139	11,2	$0'',105$
56	11,0	$0'',129$	924	11,9	$0'',109$	1342	10,4	$0'',416$	189	11,8	$0'',180$
89	8,6	$0'',856$	994	9,2	$0'',546$	1358	11,7	$0'',084$	341	3,0	$0'',213$
92	13,8	$0'',044$	1051	13,9	$0'',068$	1409	12,9	$0'',055$	358	9,6	$0'',163$
94	12,7	$0'',102$	1030	13,0	$0'',054$	1422	13,2	$0'',058$	359	12,0	$0'',082$
150	13,6	$0'',058$				1514	11,7	$0'',099$	sowie noch 56 Sterne, die zu den Hyaden gehören		

Gr. Publ. 42, VIII			Gr. Publ. 42, IX			Gr. Publ. 33, IV			Gr. Publ. 39, II		
Nr.	m	μ	Nr.	m	μ	Nr.	m	μ	Nr.	m	μ
2081	13,2	$0'',068$	2270	12,4	$0'',129$	17	12,9	$0'',099$	1	10,5	$0'',178$
2085	12,3	$0'',062$	2335	8,9	$1'',957$	19	12,8	$0'',236$	9	9,4	$0'',537$
2103	13,4	$0'',047$	2395	13,6	$0'',049$	55	13,7	$0'',088$	30	12,7	$0'',135$
2117	13,2	$0'',062$	2396	13,1	$0'',062$	79	13,9	$0'',071$	44	13,5	$0'',073$
2124	12,3	$0'',130$	2399	13,1	$0'',077$	83	11,4	$0'',156$	48	13,5	$0'',073$
2147	13,4	$0'',040$				105	15,3	$0'',080$	49	14,1	$0'',073$
2150	12,6	$0'',060$				118	14,9	$0'',058$	102	12,7	$0'',252$
2159	11,5	$0'',085$				161	14,9	$0'',062$	108	10,7	$0'',735$
2185	9,9	$0'',694$				233	14,2	$0'',099$	134	12,1	$0'',104$
2251	12,1	$0'',075$				234	12,8	$0'',103$	142	11,8	$0'',214$
						255	15,3	$0'',054$	147	14,7	$0'',379$
						285	13,7	$0'',077$	148	10,6	$0'',200$
						297	12,9	$0'',098$	174	11,1	$0'',158$
						362	14,2	$0'',145$	196	10,8	$0'',336$
						371	11,9	$0'',340$	208	11,9	$0'',247$
						379	15,3	$0'',067$	295	12,3	$0'',123$
						142	14,6		321	13,7	$0'',098$
						Der Kern des Spiralnebels M 51			324	12,0	$0'',238$
									351	11,9	$0'',173$

vollen Größenklasse geordnet. Ein Beispiel dafür ist in Tabelle 11 gegeben. Nach dieser Anordnung bekommt man ein gutes Bild von der durchschnittlichen Verteilung der Eigenbewegungen einer jeden Helligkeitsgruppe und kann danach gut die Sterne eliminieren, deren Eigenbewegungen allzusehr vom Mittelwert abweichen. In dem obigen Beispiel in Tabelle 11 fällt der Stern Nr. 1210 mit einer absoluten Eigenbewegung von $0''{,}070$ stark heraus und wird infolgedessen ausgeschlossen. Dies wurde für sämtliche Platten durchgeführt, und die danach ausgeschlossenen Sterne sind in Tabelle 12 aufgeführt.

Nach dieser Voruntersuchung wurden nun die übriggebliebenen Sterne in der folgenden Weise behandelt. Die einzelnen Sterne jeder Platte wurden in fünf bis sieben Gruppen zusammengefaßt, nach der Helligkeit geordnet, und zwar wurde für jede Gruppe die nach Gewichten gemittelte mittlere Helligkeit berechnet. Die Gruppen wurden so ausgewählt, daß die mittlere

Tabelle 13.
Mittlere säkulare Parallaxen nach den Eigenbewegungen in den verschiedenen Gebieten.

Gruppe	Gr. Publ. 42, I. Verdunkeltes Gebiet				Gruppe	Gr. Publ. 42, V. Verdunkeltes Gebiet			
	Mittlere Helligkeit	Anzahl	$(\chi-\psi)$	$\dfrac{\mu\cos(\chi-\psi)}{\sin\lambda}$		Mittlere Helligkeit	Anzahl	$(\chi-\psi)$	$\dfrac{\mu\cos(\chi-\psi)}{\sin\lambda}$
1	$10^m{,}28$	16	$24^0{,}7$	$+0''{,}0255$	1	$10^m{,}30$	24	$2^0{,}0$	$+0''{,}0228$
2	11 ,56	14	35 ,6	$+0''{,}0072$	2	11 ,50	8	36 ,2	$+0''{,}0049$
3	12 ,02	16	16 ,1	$+0''{,}0077$	3	11 ,92	24	10 ,6	$+0''{,}0068$
4	12 ,55	19	45 ,4	$+0''{,}0040$	4	12 ,51	43	25 ,1	$+0''{,}0025$
5	13 ,04	27	118 ,2	$-0''{,}0012$	5	12 ,96	44	1 ,2	$+0''{,}0035$
6	13 ,43	18	25 ,9	$+0''{,}0022$	6	13 ,59	86	18 ,6	$+0''{,}0038$
7	13 ,95	41	5 ,3	$+0''{,}0020$	7	13 ,90	71	1 ,2	$+0''{,}0041$
A	$11^m{,}64$	65	$11^0{,}8$	$+0''{,}0109$	A	$11^m{,}75$	99	$8^0{,}6$	$+0''{,}0088$
B	13 ,54	86	28 ,4	$+0''{,}0010$	B	13 ,56	201	8 ,4	$+0''{,}0038$

Gruppe	Gr. Publ. 42, VI. Verdunkeltes Gebiet				Gruppe	Gr. Publ. 35. Verdunkeltes Gebiet			
	Mittlere Helligkeit	Anzahl	$(\chi-\psi)$	$\dfrac{\mu\cos(\chi-\psi)}{\sin\lambda}$		Mittlere Helligkeit	Anzahl	$(\chi-\psi)$	$\dfrac{\mu\cos(\chi-\psi)}{\sin\lambda}$
1	$10^m{,}35$	25	$12^0{,}0$	$+0''{,}0159$	1	$9^m{,}10$	45	$19^0{,}2$	$+0''{,}0227$
2	11 ,56	10	19 ,7	$+0''{,}0123$	2	10 ,48	30	7 ,4	$+0''{,}0251$
3	11 ,99	28	22 ,4	$+0''{,}0047$	3	11 ,02	68	0 ,9	$+0''{,}0155$
4	12 ,49	42	21 ,1	$+0''{,}0067$	4	11 ,49	70	63 ,7	$+0''{,}0032$
5	13 ,00	74	12 ,0	$+0''{,}0056$	5	11 ,93	51	137 ,8	$-0''{,}0018$
6	13 ,55	111	51 ,9	$+0''{,}0018$					
7	13 ,87	95	30 ,1	$+0''{,}0032$					
A	$11^m{,}76$	105	$2^0{,}1$	$+0''{,}0089$	A	$10^m{,}30$	143	$9^0{,}5$	$+0''{,}0198$
B	13 ,51	280	29 ,4	$+0''{,}0033$	B	11 ,68	121	76 ,3	$+0''{,}0011$

Untersuchungen über absorbierende Wolken.

Gruppe	Gr. Publ. 42, VIII. Normales Gebiet				Gruppe	Gr. Publ. 42, IX. Normales Gebiet			
	Mittlere Helligkeit	Anzahl	$(\chi - \psi)$	$\dfrac{\mu \cos(\chi - \psi)}{\sin \lambda}$		Mittlere Helligkeit	Anzahl	$(\chi - \psi)$	$\dfrac{\mu \cos(\chi - \psi)}{\sin \lambda}$
1	$9^m,97$	12	$28^0,1$	$+ 0'',0107$	1	$10^m,27$	28	$6^0,7$	$+ 0'',0136$
2	11 ,47	6	26 ,6	$+ 0'',0021$	2	11 ,57	7	47 ,1	$+ 0'',0067$
3	12 ,02	34	11 ,4	$+ 0'',0080$	3	11 ,94	14	38 ,1	$+ 0'',0047$
4	12 ,48	42	47 ,6	$+ 0'',0020$	4	12 ,50	23	23 ,0	$+ 0'',0077$
5	13 ,09	50	24 ,3	$+ 0'',0065$	5	12 ,94	57	11 ,7	$+ 0'',0054$
6	13 ,42	36	46 ,2	$+ 0'',0016$	6	13 ,43	9	56 ,1	$+ 0'',0057$
A	$11^m,48$	52	$16^0,1$	$+ 0'',0079$	A	$10^m,94$	49	$6^0,6$	$+ 0'',0101$
B	12 ,98	128	32 ,6	$+ 0'',0036$	B	12 ,88	89	9 ,3	$+ 0'',0060$

Gruppe	Gr. Publ. 33, IV. Normales Gebiet				Gruppe	Gr. Publ. 39, II. Normales Gebiet			
	Mittlere Helligkeit	Anzahl	$(\chi - \psi)$	$\dfrac{\mu \cos(\chi - \psi)}{\sin \lambda}$		Mittlere Helligkeit	Anzahl	$(\chi - \psi)$	$\dfrac{\mu \cos(\chi - \psi)}{\sin \lambda}$
1	$10^m,83$	28	$2^0,8$	$+ 0'',0429$	1	$10^m,19$	54	$38^0,6$	$+ 0'',0189$
2	12 ,49	34	4 ,5	$+ 0'',0234$	2	11 ,48	36	79 ,3	$+ 0'',0020$
3	13 ,56	69	16 ,7	$+ 0'',0109$	3	11 ,94	36	3 ,8	$+ 0'',0124$
4	14 ,50	151	0 ,0	$+ 0'',0038$	4	12 ,45	50	20 ,7	$+ 0'',0094$
5	15 ,38	96	159 ,5	$- 0'',0036$	5	13 ,01	78	11 ,2	$+ 0'',0100$
					6	13 ,52	91	50 ,0	$+ 0'',0027$
					7	14 ,04	22	0 ,7	$+ 0'',0090$
A	$11^m,74$	62	3 ,5	$+ 0'',0322$	A	$11^m,45$	176	$26^0,2$	$+ 0'',0114$
B	14 ,56	316	20 ,1	$+ 0'',0031$	B	13 ,37	191	20 ,1	$+ 0'',0064$

Gruppe	Gr. Publ. 25, I				Gruppe	Gr. Publ. 25, II			
	Mittlere Helligkeit	Anzahl	$(\chi - \psi)$	$\dfrac{\mu \cos(\chi - \psi)}{\sin \lambda}$		Mittlere Helligkeit	Anzahl	$(\chi - \psi)$	$\dfrac{\mu \cos(\chi - \psi)}{\sin \lambda}$
1	$9^m,79$	16	$10^0,5$	$0'',0169$	1	$8^m,81$	7	$15^0,2$	$+ 0'',0522$
2	11 ,92	16	6 ,7	$+ 0'',0120$	2	13 ,51	28	51 ,0	$+ 0'',0052$
3	12 ,60	15	38 ,8	$+ 0'',0043$	3	14 ,06	86	74 ,2	$+ 0'',0010$
4	13 ,00	22	115 ,4	$- 0'',0009$	4	14 ,47	84	128 ,2	$- 0'',0032$
5	13 ,49	36	150 ,2	$- 0'',0044$	5	14 ,97	37	84 ,5	$+ 0'',0003$
6	13 ,74	27	163 ,0	$- 0'',0072$					
A	$11^m,41$	47	$8^0,5$	$+ 0'',0112$	A	$13^0,63$	121	$44^0,3$	$+ 0'',0050$
B	13 ,44	85	163 ,8	$- 0'',0044$	B	14 ,62	121	118 ,4	$- 0'',0021$

Helligkeit der einzelnen Gruppen sich immer um rund eine halbe Größenklasse unterschied. Für eine jede Gruppe wurde nun nach den im Katalog gegebenen Eigenbewegungskomponenten die vektoriell gemittelte mittlere Eigenbewegung ausgerechnet, d. h. Richtung und absolute Größe der Gruppengeschwindigkeit. Mit Hilfe des Winkels $(\chi - \psi)$ zwischen der Richtung der Gruppengeschwindigkeit und der Richtung zum Antapex wurde sodann die parallaktische Bewegung und die mittlere säkulare Parallaxe

$$\left(\overline{\frac{h}{\varrho}}\right) = \frac{\mu \cos(\chi - \psi)}{\sin \lambda}$$

ausgerechnet, wobei λ die Winkelentfernung vom Zentrum der Platte bis zum Antapex bedeutet. Schließlich wurden noch die fünf bis sieben Gruppen jeder Platte in zwei Hauptgruppen zusammengefaßt, deren mittlere Helligkeit, stets nach Gewichten gemittelt, möglichst nahe bei $11^m,5$ und $13^m,5$ liegen sollte. Das somit gefundene Ergebnis ist in Tabelle 13 zusammengestellt; dabei sind zum Vergleich zwei Gebiete aus Groninger Publ. 25 angeführt, die ursprünglich mitbenutzt werden sollten, dann aber weggelassen wurden, weil sich die dort bestimmten Eigenbewegungen als unbrauchbar für derartige Untersuchungen erwiesen. Bevor näher auf diese Tabelle eingegangen wird, soll zunächst noch die Tabelle 14 erklärt werden. Mittels der Tafeln der säkularen Parallaxen in Groninger Publ. 29, die, wie auf S. 262 erwähnt war, auf das internationale photographische System umgerechnet waren, wurden nun für alle Felder die schon nahe bei $11^m,5$ und $13^m,5$ gelegenen Werte auf diese beiden Helligkeiten reduziert und das Verhältnis gebildet der säkularen Parallaxen für $m = 11,5$ zu den säkularen Parallaxen für $m = 13,5$ Zum Vergleich sind daneben die entsprechenden Verhältnisse für die aus den Groninger Tabellen entnommenen Werte gebildet, und schließlich wurde noch das Verhältnis der hier gefundenen säkularen Parallaxen zu den Groninger Parallaxen gerechnet. Das Gebiet

Tabelle 14.
Die mittleren säkularen Parallaxen für die einzelnen Gebiete, reduziert auf die Helligkeiten $m = 11,5$ und $m = 13,5$ und verglichen mit den entsprechenden Werten von Groninger Publ. 29.

$\pi(m) =$ die hier abgeleiteten Parallaxen. $\pi(m)_G$ die Groninger Parallaxen.

	Gebiet Gr. Publ.	$\pi(m)_{11,5}$	$\pi(m)_{13,5}$	$\dfrac{\pi(m)_{11,5}}{\pi(m)_{13,5}}$	$\pi(m)_{G.11,5}$	$\pi(m)_{G.13,5}$	$\dfrac{\pi(m)_{G.11,5}}{\pi(m)_{G.13,5}}$	$\dfrac{\pi(m)}{\pi(m)_G}$	
								11,5	13,5
Verdunkelte Gebiete	42, V	0'',0095	0'',0039	2,4	0'',0107	0'',0053	2,0	0,89	0,74
	42, VI	0'',0096	0'',0033	2,9	0'',0108	0'',0054	2,0	0,89	0,61
	42, I	0'',0114	0'',0010	11,4	0'',0115	0'',0059	1,95	0,99	0,17
Normale Gebiete	42, VIII	0'',0079	0'',0031	2,5	0'',0112	0'',0057	2,0	0,71	0,54
	42, IX	0'',0085	0'',0047	1,8	0'',0116	0'',0059	2,0	0,73	0,80
	33, IV	0'',0350	0'',0047	7,5	0'',0153	0'',0079	1,9	2,29	0,60
	39, II	0'',0112	0'',0061	1,8	0'',0152	0'',0078	1,9	0,74	0,78

von Groninger Publ. 35 wurde weggelassen, einerseits weil die vermessenen Sterne nur bis zur 12. Größe gehen, und andererseits, weil die Eigenbewegungen der schwächeren Sterne hier besonders schlecht sind, wie man aus Tabelle 13 ersieht.

Wenn nun die absorbierenden Wolken etwa in der Entfernung von 200 Parsek liegen, wie im Abschnitt 2 dieser Arbeit festgestellt ist, so müßten, wie auch PANNEKOEK* näher berechnet hat, die Sterne der Größe 11,5 zum größeren Teil vor der Wolke sich befinden, dagegen die Sterne der Größe 13,5 zum weitaus größten Teil hinter der Wolke. Bildet man also die oben angeführten Verhältnisse $\pi(m)_{11,5} : \pi(m)_{13,5}$, so sollten diese in den verdunkelten Gebieten kleiner sein als in den normalen, vielleicht 1,5 gegen 2,0. Das ist nun aber nach Tabelle 14 absolut nicht der Fall, eher könnte man noch das Gegenteil herauslesen. Der gesuchte Effekt zeigt sich also nicht, wenn man die helleren Sterne mit den schwächeren vergleicht. Läßt man nun die schwächeren Sterne beiseite und betrachtet allein die helleren Sterne der Größe 11,5, so kann man, abgesehen vom Gebiet Groninger Publ. 33, IV, das besonders stark herausfällt, überall feststellen, daß die säkularen Parallaxen im verdunkelten Gebiet stets größer sind als im normalen. Man erkennt dies am besten an der vorletzten Spalte der Tabelle 14; man sieht hier, daß im verdunkelten Gebiet die säkularen Parallaxen nur wenig kleiner sind als die entsprechenden Parallaxen in Groninger Publ. 29, im normalen Gebiet dagegen sind sie wesentlich kleiner, nur 0,73 der Groninger Parallaxen im Durchschnitt gegen 0,92 im verdunkelten Gebiet. Diese Erscheinung zeigt sich so gleichmäßig in den einzelnen Gebieten, und ihr Betrag ist auch der Größenordnung nach ganz so, wie man es nach der auf anderem Wege gefundenen Absorption und Entfernung der Tauruswolke erwarten sollte, daß man sie wohl als reell ansehen darf. Damit ist also ein neuer, allerdings sich nur bei den Eigenbewegungen der Sterne heller als 12. Größe zeigender Beweis geliefert, daß wir es in den verdunkelten Gebieten mit einer wirklichen Absorption zu tun haben. Daß der sich äußernde Unterschied zwischen normalen und dunklen Gebieten nicht groß ist, liegt im übrigen auch daran, daß von den Sternen der Größe 11,5 nur etwa 40% hinter der Wolke liegen nach der Berechnung von PANNEKOEK. Warum nun dieser Effekt, der sich bei den schwächeren Sternen doch noch viel schöner zeigen sollte, bei diesen nicht zu bemerken ist, sondern nur, wenn man die schwächeren Sterne ganz wegläßt, soll im folgenden sogleich diskutiert werden. Zuvor soll nur noch

---

* A. PANNEKOEK, Further remarks on the dark nebulae in Taurus. Amsterdam Proceedings **23**, 5, 1920.

erwähnt werden, daß sich im übrigen nach der Tabelle 14 ergibt, daß die Groninger Parallaxen zu groß sind, in Übereinstimmung mit dem auf S. 263 gefundenen Ergebnis.

Um nun zu den Eigenbewegungen zurückzukommen, so ist es zunächst völlig einleuchtend, daß die Eigenbewegungen der helleren Sterne viel genauer zu bestimmen sind als die der schwächeren; denn ist z. B. der mittlere Beobachtungsfehler in einer Komponente $0''{,}004$, wie es etwa der Wirklichkeit im besten Falle entsprechen dürfte, so macht das bei den Sternen 11. Größe mit einer mittleren Eigenbewegung von $0''{,}013$ in jeder Komponente noch nicht soviel aus, während bei den Sternen 13. Größe der Fehler schon gleich groß wird wie die Eigenbewegung selbst. Derartige Untersuchungen hat auch VAN RHIJN* angestellt und gefunden, daß die bis dahin (1923) beobachteten Eigenbewegungen für die schwächeren Sterne nicht genügten. Diese Untersuchung wird hier im wesentlichen bestätigt, wenn auch die neueren Eigenbewegungen besser geworden sind. Ein Kriterium für die Güte der Eigenbewegungen ist unter Voraussetzung, daß der Apex für die schwächeren Sterne nicht wesentlich verschieden ist von dem angenommenen Apex für die hellen Sterne, der Winkel $\chi - \psi$, d. h. der Winkel zwischen der Richtung zum Antapex und der Richtung der mittleren Geschwindigkeit einer Gruppe von Sternen. Dieser Winkel soll immer ziemlich klein sein, aber vor allem darf er nicht größer als 90^0 werden. Betrachtet man nun einmal die Eigenbewegungen der älteren Beobachtungen von Groninger Publ. 25 in Tabelle 13, so sieht man, wie dieser Winkel immer größer wird, je schwächer die Sterne werden, daß er sogar bei den schwächsten Sternen 90^0 überschreitet. Die Eigenbewegungen der schwächsten Sterne sind also völlig unbrauchbar; die im Katalog gegebenen Eigenbewegungen sind nicht reell, sondern nur durch die Messungsfehler bedingt. Interessant ist ferner die Feststellung, daß in Groninger Publ. 25, I das besonders starke Anwachsen des Winkels schon bei den Sternen 13. Größe stattfindet, etwa eine Größenklasse vor der Grenzhelligkeit der Platte; in Groninger Publ. 25, II dagegen ist der Winkel bei den Sternen 13. Größe noch nicht so groß, sondern wächst erst so stark bei den Sternen 14. Größe, wieder etwa eine Größenklasse vor der Grenzhelligkeit. Daraus kann man erkennen, daß diese starke Richtungsänderung nicht etwa eine reelle Verschiebung des Apex für die schwächeren Sterne ist, sondern sie ist abhängig von der Grenzhelligkeit der Platte, also bedingt

---

* VAN RHIJN, Third report on the progress of the plan of selected areas. Groningen 1923.

durch Beobachtungsfehler. Dies ist auch sehr einleuchtend und zeigt nur, daß die allerschwächsten Sternspuren auf der Platte nicht mehr zum Vermessen geeignet sind; die für sie gefundenen Eigenbewegungen sind im wesentlichen die Messungsfehler.

Die neueren Eigenbewegungen sind zwar besser, bestätigen aber doch auch noch im großen und ganzen das eben gefundene Resultat. Durchweg zeigt sich ein Anwachsen des Winkels $\chi - \psi$ für die schwächeren Sterne. Besonders lehrreich sind die Gebiete Groninger Publ. 35 und 33, IV. In Groninger Publ. 33, IV liegt die Grenzhelligkeit etwa bei $15^m,5$; demgemäß ist der Winkel noch bei den Sternen 14. Größe sehr klein, dagegen bei den Sternen 15. Größe ist er weit über 90^0. In Groninger Publ. 35 liegt die Grenzhelligkeit etwa bei $12^m,0$ bis $12^m,2$; infolgedessen zeigen schon die Sterne von etwa $11^m,3$ an, rund eine Größenklasse vor der Grenzhelligkeit, diese starke Abweichung von der Richtung zum Antapex.

Man kann also zusammenfassend sagen: Die Eigenbewegungen schwacher Sterne sind an und für sich ein gutes Kriterium für das Vorhandensein von absorbierender Materie, wie sich an den Sternen heller als 12. Größe zeigt; bei den schwächsten Sternen, bei denen dieser Effekt noch viel deutlicher hervortreten sollte, weil hier fast alle Sterne hinter der Wolke liegen, wie bei der Tauruswolke wenigstens, während von den Sternen der Größe 11,5 nur etwa 40% dahinter liegen, wird die Erscheinung völlig verdorben durch die für diesen Zweck viel zu ungenauen Eigenbewegungen.

Für den vorliegenden Fall muß allerdings noch gesagt werden, daß die untersuchten Gebiete nicht allzu günstig gelegen sind, nur an Stellen, an denen die Absorption vielleicht eine halbe Größenklasse betragen dürfte. Wirklich gute und interessante Resultate, die die auf anderem Wege gefundene Absorption und Entfernung dunkler Wolken bestätigen und ergänzen, dürfte man erhalten bei geeigneter Verteilung der Platten in den zentralen Gebieten der Wolken. Außerdem ist es zur Erhöhung der Genauigkeit der Eigenbewegungen der schwächsten Sterne sehr erwünscht, daß die Zwischenzeiten zwischen den beiden Aufnahmen möglichst groß sind, mindestens 30 bis 40 Jahre; unter diesen Voraussetzungen dürfte die Untersuchung der Eigenbewegungen schwacher Sterne vielleicht recht lohnend und fruchtbringend für die Erforschung der dunklen, absorbierenden Wolken sein.

Zusammenfassung.

Das Gesamtergebnis der vorliegenden Arbeit läßt sich folgendermaßen kurz zusammenfassen.

1. Die Berechnung des Verlaufs der Sterndichte in der $\pm\,20^0$-Zone im typischen Sternsystem aus absolut unverdunkelten Gebieten allein ergab im allgemeinen größere räumliche Dichte in der Milchstraße und damit weitere Ausdehnung unseres Systems in der Milchstraßenebene auf etwa das $1^1/_2$fache der bisher angenommenen Entfernung bei gleichbleibender Dicke.

2. Die Untersuchung der dabei ausgeschlossenen verdunkelten, großen Gebiete im Taurus und Ophiuchus ergab für die absorbierenden Wolken eine Entfernung von rund 200 Parsek bei einer durchschnittlichen Absorption von einer Größenklasse.

3. Die Untersuchung des Zentrums der Ophiuchuswolke an Hand des selected area 110 führte zu dem Schluß, daß nach dem Zentrum hin die Ophiuchuswolke sich stark ausdehnt, sowohl in Richtung zur Sonne, als auch in entgegengesetzter Richtung bis 1000 Parsek mit einer sehr starken Absorption von $3^1/_2$ Größenklassen. Die Wolke hat zwei stärkere Konzentrationen bei rund 160 und bei 1000 Parsek; vielleicht besteht sogar ein Zusammenhang zwischen der Ophiuchus- und der Tauruswolke über unsere Sonne hin.

4. Die Untersuchung der Sternzahlen im Bereich der dunklen Gabel der Milchstraße ließ erkennen, daß sich die dunkle Gabel in den Sternzahlen höchstens bei den allerschwächsten Sternen der 18. Größe äußert, und auch da nur sehr gering. Man kann daraus schließen, daß die Erscheinung der Milchstraße erst von den Sternen der 18. Größe und schwächer verursacht ist. Will man ferner zur Erklärung der dunklen Gabel eine nennenswerte Absorption annehmen, so müßten die dunklen Wolken ungeheuer weit entfernt sein, bestimmt weiter als die Sterne 18. Größe.

5. Die Untersuchung von Eigenbewegungen schwacher Sterne im verdunkelten Taurusgebiet ergab für Sterne heller als 12. Größe, daß die parallaktischen Eigenbewegungen größer sind als in normalen Gebieten, wie es bei einer vorhandenen Absorption tatsächlich der Fall sein muß. Bei den noch schwächeren Sternen zeigte sich der Effekt nicht, weil die Eigenbewegungen der Sterne schwächer als 12. Größe viel zu ungenau bestimmt sind.

Berlin-Dahlem, Astronomisches Recheninstitut, November 1930.

Lebenslauf

Geboren wurde ich, Helmut Otto Theodor Müller, am 19. Juni 1908 in Berlin-Steglitz als Sohn des Geheimen Regierungsrats Carl Müller und seiner Ehefrau Gertrud, geb. Quade. Ich bin preußischer Staatsangehörigkeit und evangelischer Konfession. Ich besuchte das humanistische Gymnasium in Berlin-Steglitz, wo ich im Herbst 1926 die Reifeprüfung bestand unter Befreiung vom mündlichen Examen.

In meinem ersten Studiensemester im Winter 1926/27 ging ich nach Zürich, wo ich an der Universität Vorlesungen über Mathematik, Physik und Chemie hörte bei den Herren Prof. Dr. Speiser, Prof. Dr. Meyer und Prof. Dr. Karrer. Vom Frühling 1927 an studierte ich dauernd an der Universität Berlin. Ich hörte Vorlesungen und Übungen in der Astronomie bei den Herren Prof. Dr. Kopff und Prof. Dr. Guthnick, in der Physik bei den Herren Prof. Dr. Planck, Prof. Dr. Schrödinger und Prof. Dr. Nernst, in der Mathematik bei den Herren Prof. Dr. Bieberbach, Prof. Dr. Schur, Prof. Dr. Schmidt, Prof. Dr. von Mises und Prof. Dr. Hammerstein, in der Philosophie bei den Herren Prof. Dr. Dessoir, Prof. Dr. Köhler, Prof. Dr. Schmidt und Prof. Dr. Reichenbach. Ferner besuchte ich 3 Semester das mathematische Praktikum, 2 Semester das physikalische Praktikum und 2 Semester das astronomische Praktikum auf der Übungssternwarte.

Meine astronomischen Studien betrieb ich besonders unter Leitung von Herrn Prof. Dr. Kopff, auf dessen Anregung hin ich auch meine Arbeit anfertigte.

Seit dem 1. März 1928 bin ich als Hilfsarbeiter im Astronomischen Rechen-Institut in Dahlem tätig.

MIX
Papier aus verantwortungsvollen Quellen
Paper from responsible sources
FSC® C105338

If you have any concerns about our products,
you can contact us on
ProductSafety@springernature.com

In case Publisher is established outside the EU,
the EU authorized representative is:
**Springer Nature Customer Service Center GmbH
Europaplatz 3, 69115 Heidelberg, Germany**

Printed by Libri Plureos GmbH
in Hamburg, Germany